ENSINO FUNDAMENTAL

Cadernos do Mathema

Jogos de matemática

de 6º a 9º ano

AUTORAS

Kátia Cristina Stocco Smole
Coordenadora do Grupo Mathema de formação e pesquisa
Mestre em Educação, área de Ciências e Matemática, pela FEUSP
Doutora em Educação, área de Ciências e Matemática, pela FEUSP

Maria Ignez de Souza Vieira Diniz
Coordenadora do Grupo Mathema de formação e pesquisa
Profa. Dra. do Instituto de Matemática e Estatística da USP

Estela Milani
Licenciada em Matemática pela UNESP de São José do Rio Preto
Professora de Matemática da rede pública e particular

S666j   Smole, Kátia Stocco
         Jogos de matemática de 6º a 9º ano / Kátia Stocco Smole, Maria Ignez Diniz, Estela Milani. – Porto Alegre : Artmed, 2007.
         104 p. : il. ; 23 cm. – (Série Cadernos do Mathema – Ensino Fundamental)

         ISBN 978-85-363-0702-2

         1. Matemática – Jogos. I. Diniz, Maria Ignez. II. Milani, Estela. III. Título.

CDU 51-8

Catalogação na publicação: Júlia Angst Coelho – CRB 10/1712

ENSINO FUNDAMENTAL

Cadernos do Mathema

Jogos de matemática

de 6º a 9º ano

Kátia Stocco Smole
Maria Ignez Diniz
Estela Milani

Reimpressão 2009

artmed®

2007

© Artmed Editora S.A., 2007.

Capa:
Tatiana Sperhacke

Preparação do original
Elisângela Rosa dos Santos

Supervisão editorial
Mônica Ballejo Canto

Projeto gráfico
Editoração eletrônica

artmed®
EDITOGRÁFICA

Reservados todos os direitos de publicação, em língua portuguesa, à
ARTMED® EDITORA S.A.
Av. Jerônimo de Ornelas, 670 - Santana
90040-340 Porto Alegre RS
Fone (51) 3027-7000 Fax (51) 3027-7070

É proibida a duplicação ou reprodução deste volume, no todo ou em parte, sob quaisquer formas ou por quaisquer meios (eletrônico, mecânico, gravação, fotocópia, distribuição na Web e outros), sem permissão expressa da Editora.

SÃO PAULO
Av. Angélica, 1091 - Higienópolis
01227-100 São Paulo SP
Fone (11) 3665-1100 Fax (11) 3667-1333

SAC 0800 703-3444

IMPRESSO NO BRASIL
PRINTED IN BRAZIL
Impresso sob demanda na Meta Brasil a pedido de Grupo A Educação.

Apresentação Cadernos do Mathema – Ensino Fundamental

Uma das características do trabalho da equipe do Mathema é que nossas ações desenvolvem-se em boa parte nas escolas, junto a alunos e professores. Por isso, ao longo da nossa atuação com formação continuada de professores, e devido aos estudos e às pesquisas que essa atuação gerou, foram muitas as perguntas que investigamos e diversos os recursos que estudamos como forma de desenvolver um melhor processo de ensino e aprendizagem da matemática escolar. Cadernos do Mathema – Ensino Fundamental é fruto desse processo.

A proposta dos cadernos que agora apresentamos é trazer, de maneira organizada, algumas ideias e alguns estudos que fizemos sobre recursos, tais como jogos e calculadoras, ou sobre temas que fazem parte do currículo de matemática no ensino fundamental, entre eles as operações, as frações, a geometria e as medidas.

Os temas escolhidos para os cadernos são variados, abordados de modo independente uns dos outros e guardam entre si apenas a relação de dois pressupostos básicos de nosso trabalho, quais sejam a perspectiva metodológica da resolução de problemas e a preocupação de fazer uso de processos de comunicação nas aulas de matemática, de forma a desenvolver a leitura e a escrita em matemática como habilidades indispensáveis no ensino e na aprendizagem dessa disciplina.

Cada caderno apresenta uma breve introdução que situa o tema sob nosso ponto de vista, seguida de sugestões de atividade. Cada uma das atividades traz a série mais indicada para ser desenvolvida, os objetivos da proposta, os materiais e recursos que são necessários para que ela se desenvolva e algumas sugestões para sua exploração em sala de aula.

Certas atividades aparecem como uma sequência, mas a maioria delas pode ser desenvolvida de modo independente e no momento em que você, professor, julgar mais adequado em relação ao seu planejamento.

Com essa nova série de publicações, desejamos partilhar mais algumas das reflexões que temos feito e colocar à sua disposição recursos para ajudá-lo a tornar sua aula ainda mais diversificada com situações que desafiem e envolvam seus alunos na aprendizagem significativa da matemática.

As autoras agradecem aos professores e professoras das seguintes escolas: Colégio Magno, Colégio Nossa Senhora Aparecida, Colégio Marista Nossa Senhora da Glória e EMEF Dr. Afranio de Melo Franco em São Paulo; Colégio Marista Santa Maria em Curitiba e Colégio Marista de Brasília (Maristinha).

Kátia Stocco Smole
Maria Ignez Diniz
Coordenadoras do Mathema

Sumário

Apresentação Cadernos do Mathema – Ensino Fundamental v

1 Os jogos nas aulas de matemática 9

2 Divisores em linha 23

3 Pescaria de potências 29

4 Dominó de racionais 33

5 Estrela 39

6 Contador imediato 45

7 Comando 49

8 Termômetro maluco 53

9 Matix 59

10 Soma zero 65

11 Eu sei! 69

12 Batalha de ângulos 71

13 Capturando polígonos 75

14 Contato do 1º grau 81

15 Corrida de obstáculos 85

16 Dominó de equações 91

17 Mestre e adivinho 93

18 Produto par, produto ímpar 97

Referências 101

1 Os Jogos nas Aulas de Matemática

A utilização de jogos na escola não é algo novo, assim como é bastante conhecido o seu potencial para o ensino e a aprendizagem em muitas áreas do conhecimento.

Em se tratando de aulas de matemática, o uso de jogos implica uma mudança significativa nos processos de ensino e aprendizagem que permite alterar o modelo tradicional de ensino, que muitas vezes tem no livro e em exercícios padronizados seu principal recurso didático. O trabalho com jogos nas aulas de matemática, quando bem planejado e orientado, auxilia o desenvolvimento de habilidades como observação, análise, levantamento de hipóteses, busca de suposições, reflexão, tomada de decisão, argumentação e organização, as quais estão estreitamente relacionadas ao assim chamado *raciocínio lógico*.

As habilidades desenvolvem-se porque, ao jogar, os alunos têm a oportunidade de resolver problemas, investigar e descobrir a melhor jogada; refletir e analisar as regras, estabelecendo relações entre os elementos do jogo e os conceitos matemáticos. Podemos dizer que o jogo possibilita uma situação de prazer e aprendizagem significativa nas aulas de matemática.

Além disso, o trabalho com jogos é um dos recursos que favorece o desenvolvimento da linguagem, diferentes processos de raciocínio e de interação entre os alunos, uma vez que durante um jogo cada jogador tem a possibilidade de acompanhar o trabalho de todos os outros, defender pontos de vista e aprender a ser crítico e confiante em si mesmo. Contudo, há outros aspectos sobre os quais julgamos importante refletir ao propor os jogos de forma constante nas aulas de matemática e que destacamos a seguir.

O JOGO ENTRE O LÚDICO E O EDUCATIVO

O jogo na escola foi muitas vezes negligenciado por ser visto como uma atividade de descanso ou apenas como um passatempo. Embora esse aspecto possa ter lugar em algum momento, não é essa a ideia de ludicidade sobre a qual organizamos nossa proposta, porque esse viés tira a possibilidade de um trabalho rico, que estimula as aprendizagens e o desenvolvimento de habilidades matemáticas por parte dos alunos. Quando propomos jogos nas aulas de matemática, não podemos deixar de compreender o sentido da dimensão lúdica que eles têm em nossa proposta.

Todo jogo por natureza desafia, encanta, traz movimento, barulho e uma certa alegria para o espaço no qual normalmente entram apenas o livro, o caderno e o lápis. Essa dimensão não pode ser perdida apenas porque os jogos envolvem conceitos de matemática. Ao contrário, ela é determinante para que os alunos sintam-se chamados a participar das atividades com interesse.

Por sua dimensão lúdica, o jogar pode ser visto como uma das bases sobre a qual se desenvolve o espírito construtivo, a imaginação, a capacidade de sistematizar e abstrair e a capacidade de interagir socialmente. Isso ocorre porque a dimensão lúdica envolve desafio, surpresa, possibilidade de fazer de novo, de querer superar os obstáculos iniciais e o incômodo por não controlar todos os resultados. Esse aspecto lúdico faz do jogo um contexto natural para o surgimento de situações-problema cuja superação exige do jogador alguma aprendizagem e um certo esforço na busca por sua solução.

Hoje já sabemos que, associada à dimensão lúdica, está a dimensão educativa do jogo. Uma das interfaces mais promissoras dessa associação diz respeito à consideração dos erros. O jogo reduz a consequência dos erros e dos fracassos do jogador, permitindo que ele desenvolva iniciativa, autoconfiança e autonomia. No fundo, o jogo é uma atividade séria que não tem consequências frustrantes para quem joga, no sentido de ver o erro como algo definitivo ou insuperável.

No jogo, os erros são revistos de forma natural na ação das jogadas, sem deixar marcas negativas, mas propiciando novas tentativas, estimulando previsões e checagem. O planejamento de melhores jogadas e a utilização de conhecimentos adquiridos anteriormente propiciam a aquisição de novas ideias e novos conhecimentos.

Por permitir ao jogador controlar e corrigir seus erros, seus avanços, assim como rever suas respostas, o jogo possibilita a ele descobrir onde falhou ou teve sucesso e por que isso ocorreu. Essa consciência permite compreender o próprio processo de aprendizagem e desenvolver a autonomia para continuar aprendendo.

O jogo e sua função de socialização

Um dos pressupostos do trabalho que desenvolvemos é a interação entre os alunos. Acreditamos que, na discussão com seus pares, o aluno pode desenvolver seu potencial de participação, cooperação, respeito mútuo e crítica. Como sabemos, no desenvolvimento do aluno as ideias dos outros são importantes porque promovem situações que o levam a pensar criticamente sobre as próprias ideias em relação às dos outros.

É por meio da troca de pontos de vista com outras pessoas que a criança progressivamente descentra-se, isto é, ela passa a pensar por uma outra perspectiva e, gradualmente, a coordenar seu próprio modo de ver com outras opiniões. Isso não vale apenas na infância, mas em qualquer fase da vida.

Podemos mesmo afirmar que, sem a interação social, a lógica de uma pessoa não se desenvolveria plenamente, porque é nas situações interpessoais que ela se sente obrigada a ser coerente. Sozinha poderá dizer e fazer o que quiser pelo prazer e pela contingência do momento; porém em grupo, diante de outras pessoas, sentirá a necessidade de pensar naquilo que dirá, que fará, para que possa ser compreendida.

Em situação de cooperação – aqui entendida como cooperar, operar junto, negociar para chegar a algum acordo que pareça adequado a todos os envolvidos –, a obrigação é considerar todos os pontos de vista, ser coerente, racional, justificar as próprias conclusões e ouvir o outro. É nesse processo que se dá a negociação de significados e que se estabelece a possibilidade de novas aprendizagens.

Com relação ao trabalho com a matemática, temos defendido a ideia de que há um ambiente a ser criado na sala de aula que se caracterize pela proposição, pela investigação e pela exploração de diferentes situações-problema por parte dos alunos. Também temos afirmado que a interação entre os alunos, a socialização de procedimentos encontrados para solucionar uma questão e a troca de informações são elementos indispensáveis em uma proposta que visa a uma melhor aprendizagem significativa da matemática. Em nossa opinião, o jogo é uma das formas mais adequadas para que a socialização ocorra e permita aprendizagens.

O SENTIDO DA PALAVRA JOGO NESTE CADERNO

Jogos de faz de conta, jogos individuais, brincadeiras... São tantos e tão variados os sentidos que a palavra jogo assume na escola que caracterizar o que é jogo não é tarefa fácil. Por isso, ao longo de todo o nosso trabalho, estudando e refletindo a respeito daqueles significados que atendiam às necessidades de aprendizagem pelo jogo em aulas de matemática, escolhemos dois referenciais básicos, quais sejam Kamii (1991) e Krulik (1993). Desses dois autores depreendemos que:

- ◆ o jogo deve ser para dois ou mais jogadores, sendo, portanto, uma atividade que os alunos realizam juntos;
- ◆ o jogo deverá ter um objetivo a ser alcançado pelos jogadores, ou seja, ao final, haverá um vencedor;
- ◆ o jogo deverá permitir que os alunos assumam papéis interdependentes, opostos e cooperativos, isto é, os jogadores devem perceber a importância de cada um na realização dos objetivos do jogo, na execução das jogadas, e observar que um jogo não se realiza a menos que cada jogador concorde com as regras estabelecidas e coopere seguindo-as e aceitando suas consequências;

- o jogo precisa ter regras preestabelecidas que não podem ser modificadas no decorrer de uma jogada, isto é, cada jogador deve perceber que as regras são um contrato aceito pelo grupo e que sua violação representa uma falta; havendo o desejo de fazer alterações, isso deve ser discutido com todo o grupo e, no caso de concordância geral, podem ser impostas ao jogo daí por diante;
- no jogo, deve haver a possibilidade de usar estratégias, estabelecer planos, executar jogadas e avaliar a eficácia desses elementos nos resultados obtidos, isto é, o jogo não deve ser mecânico e sem significado para os jogadores.

Esse encaminhamento a respeito do que consideramos que seja um jogo apresenta outros desdobramentos, entre eles o de que os jogos devem trazer situações interessantes e desafiadoras, permitindo que os jogadores se autoavaliem e participem ativamente do jogo o tempo todo, percebendo os efeitos de suas decisões, dos riscos que podem correr ao optar por um caminho ou por outro, analisando suas jogadas e as de seus oponentes.

No jogo, as regras são parâmetros de decisão, uma vez que ao iniciar uma partida, ao aceitar jogar, cada um dos jogadores concorda com as regras que passam a valer para todos, como um acordo, um propósito que é de responsabilidade de todos. Assim, ainda que haja um vencedor e que a situação de jogo envolva competição, suas características estimulam simultaneamente o desenvolvimento da cooperação e do respeito entre os jogadores porque não há sentido em ganhar a qualquer preço. Em caso de conflitos, as regras exigem que os jogadores cooperem para chegar a algum acordo e resolver seus conflitos.

O JOGO E A RESOLUÇÃO DE PROBLEMAS

Nossa proposta de utilização de jogos está baseada em uma perspectiva de resolução de problemas, o que, em nossa concepção, permite uma forma de organizar o ensino envolvendo mais que aspectos puramente metodológicos, pois inclui toda uma postura frente ao que é ensinar e, consequentemente, sobre o que significa aprender. Daí a escolha do termo, cujo significado corresponde a ampliar a conceituação de resolução de problemas como simples metodologia ou conjunto de orientações didáticas.

A perspectiva metodológica da resolução de problemas baseia-se na proposição e no enfrentamento do que chamaremos de situação-problema. Em outras palavras, ampliando o conceito de problema, devemos considerar que nossa perspectiva trata de situações que não possuem solução evidente e que exigem que o resolvedor combine seus conhecimentos e decida-se pela maneira de usá-los em busca da solução. A primeira característica dessa perspectiva metodológica é considerar como problema toda situação que permita alguma problematização.

A segunda característica pressupõe que enfrentar e resolver uma situação-problema não significa apenas compreender o que é exigido, aplicar as técnicas ou fórmulas adequadas e obter a resposta correta, mas, além disso, adotar uma atitude de *investigação* em relação àquilo que está em aberto, ao que foi proposto como obstáculo a ser enfrentado e até à própria resposta encontrada.

A terceira característica implica que a resposta correta é tão importante quanto a ênfase a ser dada ao processo de resolução, permitindo o aparecimento de diferentes soluções, comparando-as entre si e pedindo que os resolvedores digam o que pensam sobre ela, expressem suas hipóteses e verbalizem como chegaram à solução.

A perspectiva metodológica da resolução de problemas caracteriza-se ainda por uma postura de inconformismo frente aos obstáculos e ao que foi estabelecido por outros, sendo um exercício contínuo de desenvolvimento do senso crítico e da criatividade, características primordiais daqueles que fazem ciência e objetivos do ensino de matemática.

Como podemos perceber, nessa perspectiva, a essência está em saber problematizar e não faz sentido formular perguntas em situações que não possuam clareza de objetivos a serem alcançados, simplesmente porque não se saberia o que perguntar. Assim como questionar por questionar não nos parece ter sentido algum.

A problematização inclui o que é chamado de processo metacognitivo, isto é, quando se pensa sobre o que se pensou ou se fez. Esse voltar exige uma forma mais elaborada de raciocínio, esclarece dúvidas que ficaram, aprofunda a reflexão feita e está ligado à ideia de que a aprendizagem depende da possibilidade de se estabelecer o maior número possível de relações entre o que se sabe e o que se está aprendendo.

Assim, as problematizações devem ter como objetivo alcançar algum conteúdo e um conteúdo deve ser aprendido, porque contém em si questões que merecem ser respondidas. No entanto, é preciso esclarecer que nossa compreensão do termo conteúdo inclui, além dos conceitos e fatos específicos, as habilidades necessárias para garantir a formação do indivíduo independente, confiante em seu saber, capaz de entender e usar os procedimentos e as regras característicos de cada área do conhecimento. Além disso, subjacentes à ideia de conteúdos estão as atitudes que permitem a aprendizagem e que formam o indivíduo por inteiro.

Portanto, nessa perspectiva, atitudes naturais do aluno que não encontram espaço no modelo tradicional de ensino da matemática, como é o caso da curiosidade e da confiança em suas próprias ideias, passam a ser valorizadas nesse processo investigativo.

Para viabilizar o trabalho com situações-problema, é preciso ampliar as estratégias e os materiais de ensino e diversificar as formas e organizações didáticas para que, junto com os alunos, seja possível criar um ambiente de produção ou de reprodução do saber e, nesse sentido, acreditamos que os jogos atendem a essas necessidades.

FORMAS DE PROPOR E EXPLORAR OS JOGOS NAS AULAS DE MATEMÁTICA

Como dissemos anteriormente, para que os alunos possam aprender e desenvolver-se enquanto jogam, é preciso que o jogo tenha nas aulas tanto a dimensão lúdica quanto a educativa. Em nosso trabalho, temos defendido que essas duas dimensões aparecem se houver alguns cuidados ao planejar o uso desse recurso nas aulas.

Em primeiro lugar, é preciso lembrar que um jogador não aprende e pensa sobre o jogo quando joga uma única vez. Dessa forma, ao escolher um jogo para usar com seus alunos, você precisa considerar que, na primeira vez em que joga, o aluno às vezes mal compreende as regras. Por isso, se para além das regras desejamos que haja aprendizagem por meio do jogo, é necessário que ele seja realizado mais de uma vez.

Além disso, não é qualquer jogo que serve para a sua turma de alunos. Pensando na melhor maneira de ajudar você a utilizar os jogos que propusemos neste caderno, apresentamos a seguir alguns cuidados a serem tomados neste sentido.

A escolha do jogo

Um jogo pode ser escolhido porque permitirá que seus alunos comecem a pensar sobre um novo assunto, ou para que eles tenham um tempo maior para desenvolver a compreensão sobre um conceito, para que eles desenvolvam estratégias de resolução de problemas ou para que conquistem determinadas habilidades que naquele momento você vê como importantes para o processo de ensino e aprendizagem. Uma vez escolhido o jogo por meio de um desses critérios, seu início não deve ser imediato: é importante que você tenha clareza se fez uma boa opção. Por isso, antes de levar o jogo aos alunos, é necessário que você o conheça jogando.

Leia as regras e simule jogadas verificando se o jogo apresenta situações desafiadoras aos seus alunos, se envolve conceitos adequados àquilo que você deseja que eles aprendam, levando ao desenvolvimento do raciocínio e da cooperação entre os alunos. Muitas vezes, um jogo pode ser fascinante, mas para a sua realidade pode tornar-se muito fácil, não apresentando desafios que façam os alunos aprender.

Sugerimos que, em um primeiro momento, você faça uma triagem mais simples, descartando aqueles jogos que por si mesmos não têm um conteúdo significativo e desencadeador de processos de pensamento para seus alunos. Em uma segunda etapa, com relação a jogos que de modo geral são desafiadores, será preciso apresentá-los aos alunos e observar a relação da classe com o jogo para avaliar se realmente é adequado ou não para eles. Algumas vezes, um jogo pode revelar-se muito difícil, outras vezes muito fácil e até mesmo não envolver o grupo. Não é por ser jogo que necessariamente todos gostarão. Em todos esses casos, temos de rever a proposta.

Se o jogo for muito simples, não possibilitará obstáculos a enfrentar e nenhum problema a resolver, descaracterizando, portanto, a necessidade de buscar alternativas, de pensar mais profundamente, fato que marca a perspectiva metodológica que embasa essa proposta. Se é muito difícil, os alunos desistirão dele por não ver saída nas situações que apresenta. Uma proposta precisa despertar a necessidade de saber mais, o desejo de querer fazer mais, de arriscar-se, mas precisa minimamente ser possível.

Tendo mais clareza sobre esses aspectos, ainda é preciso planejar alguns outros detalhes do trabalho.

PLANEJANDO O TRABALHO COM OS JOGOS

Trabalhar com jogos envolve o planejamento de uma sequência didática. Exige uma série de intervenções do professor para que, mais que jogar, mais que brincar, haja aprendizagem. Há que se pensar como e quando o jogo será proposto e quais possíveis explorações ele permitirá para que os alunos aprendam. Comecemos pelas formas de apresentação ao grupo.

Apresentando um jogo aos alunos

Costumamos dizer que pensar como levar um jogo aos alunos implica pensarmos sobre como os jogos são aprendidos por eles fora da escola. Aprende-se um jogo com os amigos, aprende-se um jogo lendo suas regras na embalagem, na internet, fazendo experimentações, tentativas. Se o jogo desafia, aparece a necessidade de continuar jogando, de repetir algumas vezes. É o interesse que suscita a necessidade de aprender, a vontade de jogar e o desafio de vencer um obstáculo apresentado. Esses aspectos guiam nossas opções de apresentar um jogo à turma.

Aprender com alguém

Esse alguém pode ser você, que apresenta o jogo aos aluno. Nesse caso, você pode organizar a classe em uma roda e jogar com alguns ou contra a própria classe. Pode também apresentar o jogo usando um meio visual – *datashow*, retroprojetor, cartaz, etc. – e simular uma jogada com os alunos. No caso de um jogo de tabuleiro, por exemplo, uma cópia do tabuleiro é apresentada ao grupo que joga junto conforme as regras são apresentadas. Após essa apresentação, cada grupo começa a jogar e você fica à disposição para acompanhar a classe em suas dúvidas. Se os alunos forem leitores, podem ter uma cópia das regras e tirar as dúvidas lendo e discutindo o que diz o texto.

Existe a possibilidade de aprender com os colegas de classe. Nessa opção, você escolhe alguns alunos da turma para os quais ensinará o jogo primeiro. Quando levar o jogo à classe, esses alunos serão espalhados em diferentes grupos e se responsabilizarão por ensinar aos demais como se joga.

Aprender lendo as regras

Esta é uma opção quando os alunos são leitores fluentes. Nesse caso, você prepara uma cópia das regras para cada aluno e, quando os grupos forem formados, eles devem ler e discutir fazendo suas jogadas, analisando as regras, decidindo como resolver as dúvidas. Você será chamado apenas quando a discussão no grupo não surtir efeito para resolver as dúvidas.

Em uma etapa intermediária, especialmente com alunos que ainda não estão familiarizados com a ação de ler para aprender em matemática, essa leitura pode ser coletiva, a partir de uma exposição das regras por um meio audiovisual. Nesse caso, uma regra é lida e discutida coletivamente e depois uma jogada é feita, prosseguindo-se assim até que todos tenham entendido o modo de jogar.

Uma outra opção é deixar o jogo durante um tempo à disposição dos alunos para que eles o estudem. Isso pode ser feito disponibilizando os jogos em um espaço da sala ao qual os alunos possam dirigir-se quando fizerem atividades de livre escolha – às vezes chamadas de cantinhos – ou fazendo o jogo circular pelos alunos para que em casa tenham tempo de se dedicar a entender as regras. Depois, ele entra em sala para ser explorado de forma mais intensa e coletiva.

Embora caiba a você decidir a melhor maneira de apresentar o jogo aos alunos, encontrar outras maneiras diferentes dessas que estamos sugerindo, ou mesmo discutir com eles sobre como gostariam de aprender um novo jogo, é interessante que não seja utilizada sempre a mesma estratégia para todos os jogos. Cada meio de propor o jogo ao grupo traz aprendizagens diferentes, exige envolvimentos diversos, e isso já pode ser a primeira situação-problema a ser enfrentada por eles.

Organizando a classe para jogar

Pela opção que fizemos quando escolhemos algumas características que definem jogo em nossa proposta, as sugestões que apresentamos são sempre para dois ou mais jogadores, mas nunca um grupo grande, variando, assim, de dois a quatro jogadores por jogo.

A organização dos grupos pode ser desde uma livre escolha dos alunos que se organizam para jogar com quem desejarem até uma decisão sua em função das necessidades que perceber para seu grupo. Porém, é preciso planejar e ter critérios.

Você pode organizar os grupos de modo que alunos com mais facilidade em jogar fiquem junto com outros que precisem de ajuda para avançar. Pode também formar grupos com alunos com semelhante compreensão do jogo ou da matemática nele envolvida, deixando que alguns grupos joguem sozinhos, enquanto você acompanha aqueles que precisam de uma maior intervenção.

Outra opção é deixar que no início os grupos sejam formados livremente e, depois de suas observações e da conversa com eles sobre o jogo, sejam reorganizados em função das necessidades surgidas. Um exemplo de intervenção em uma situação desse tipo é o caso de haver uma dupla ou um grupo de alunos em que um mesmo jogador sempre vença e outro sempre perca. Você pode reorganizar os grupos de forma a propiciar outras possibilidades de resultados para que não haja prepotência por parte de uns e sentimento de fracasso por parte de outros.

Quando os grupos são formados, é possível ainda discutir com eles sobre organização, barulho exagerado e como serão os registros e as explorações a partir do jogo. No entanto, em se tratando de barulho, devemos lembrar que ele é inerente ao ato de jogar. A diferença é que, no caso do jogo, a conversa será em torno das jogadas, da vibração por uma boa decisão ou mesmo pela vitória e sobre o conhecimento que se desenvolve enquanto eles jogam. Costumamos dizer duas coisas sobre isso: a primeira é que esse é um barulho produtivo, uma vez que favorece as aprendizagens esperadas e a maior interação entre eles. A segunda é que jogar sem barulho é impossível, pois um jogo silencioso perderia o brilho da intensidade e do envolvimento dos jogadores. Portanto, o melhor é conviver com esse fato, parando para discutir apenas quando houver alguma possibilidade de tumulto, mas nem nesse caso deve haver alarde. De modo geral, nossa experiência mostra que uma conversa e algumas combinações são suficientes e fazem da aula um bom desafio para todos.

O tempo de jogar

Após planejar a apresentação do jogo aos alunos, um outro aspecto importante é pensar no tempo de jogo, o que envolve diversas variáveis, entre as quais destacamos tempo de aprendizagem e tempo de aula.

Tempo de aprendizagem

Ainda que o jogo seja envolvente, que os jogadores encantem-se por ele, e principalmente por isso, não é na primeira vez que jogam que ele será compreendido. Uma proposta desafiante cria no próprio jogador o desejo de repetição, de fazer de novo. Usando esse princípio natural para quem joga, temos recomendado que nas aulas de matemática um jogo nunca seja planejado para apenas uma aula. O tempo de aprender exige que haja repetições, reflexões, discussões, aprofundamentos e mesmo registros.

Tempo de aula

Esse ponto é relevante em nossa proposta, porque costumamos propor que, ao solucionarmos um jogo em dado momento das aulas de matemática, ele seja jogado várias vezes de um modo geral em uma aula por semana, durante quatro a cinco semanas, permitindo ao aluno, enquanto joga, apropriar-se de estratégias, compreender regras, aprimorar raciocínios e linguagem. Chegamos a essa frequência observando e investigando o uso de jogos diretamente junto aos alunos, nas escolas que tivemos oportunidade de acompanhar.

Nossos estudos permitiram observar que, se fizerem o mesmo jogo todos os dias, os alunos perdem logo o interesse por ele e os professores têm a impressão de que pararam suas aulas para fazer jogos. Depois observamos que, a não ser jogos de grande complexidade, como é o caso do xadrez, por exemplo, com quatro a cinco jogadas pensadas, planejadas, discutidas e problematizadas, os alunos passam a desejar mais do que o próprio jogo. É comum começarem a discutir mudanças nas regras, novas formas de jogar, e essa pode ser a proposta na sequência seguinte. O jogo já não é mais o foco. Passa-se ou à sua modificação ou a um outro jogo. Caso haja alunos que queiram continuar jogando, ou mesmo que precisem disso, é possível criar situações de deixar o jogo à disposição para atender a essas necessidades.

Ainda em relação ao tempo de aula, é interessante que se pense na realidade das escolas que em geral possuem aulas curtas, especialmente no seguimento de 6º a 9º ano, cujas aulas duram aproximadamente 45 minutos. Nesse caso, é importante planejar o jogo para aulas duplas se for possível, ou decidir com os alunos o que fazer quando o tempo da aula acabar, mas o jogo não. Pode-se criar alguma forma de registro do jogo no momento em que se parou e começar daí na próxima vez, ou decidir quem venceu naquele momento e reiniciar o jogo na próxima vez.

Todos esses cuidados são essenciais para que o tempo de aprendizagem não seja ignorado, nem subestimado. Aprender e ensinar devem caminhar juntos – diríamos mesmo que, nessa proposta, o tempo de aprender determina o compasso do tempo de ensinar.

Um jogo e sua exploração

Devido a todos os cuidados que o planejamento do uso do jogo envolve, não poderíamos deixar de falar sobre sua exploração na perspectiva metodológica da resolução de problemas.

Ao jogar, o aluno constrói muitas relações, cria jogadas, analisa possibilidades. Algumas vezes tem consciência disso, outras nem tanto. Pode acontecer de um jogador não passar para uma nova fase de reflexão por não ter percebido determinadas nuanças de uma regra, ou mesmo por não ter clareza de todas as regras ainda. Finalmente, é preciso que quem acompanha os jogadores tenha uma avaliação pessoal desses progressos, dos possíveis impasses nos quais eles se encontram.

Pensando nesses e em outros casos é que propomos algumas possíveis ações didáticas às quais denominamos genericamente de *exploração de jogos*.

Conversando sobre o jogo

Nossa sugestão é que você planeje momentos variados para que os alunos possam discutir coletivamente o jogo. Assim, eles levantam as dificuldades encontradas, as descobertas feitas, os problemas observados para realizar as jogadas, entre muitas outras possibilidades.

É o momento de ouvir e fazer sugestões, de dar dicas, de analisar posturas como a tentativa de burlar uma regra, ou de modificá-la durante a partida, e decidir o que fazer para superar as possíveis divergências. A você cabe observar e anotar os problemas, suas soluções e as dúvidas. Este é um rico momento de avaliação, que permitirá tomar decisões posteriores como retomar explicações sobre o jogo, analisar a formação dos grupos que estão jogando, intervir se for preciso, verificar se o jogo revelou alguma necessidade em particular que merece uma retomada.

Produzindo um registro a partir do jogo

Após jogarem, os alunos podem ser convidados a escrever ou desenhar sobre o jogo, manifestando suas aprendizagens, suas dúvidas, suas opiniões e suas impressões sobre a ação vivenciada.

Temos observado que os registros sobre matemática ajudam a aprendizagem dos alunos de muitas formas, encorajando a reflexão, clareando as ideias e agindo como um catalisador para as discussões em grupo. Os registros ajudam o aluno a aprender o que está estudando. Do mesmo modo, quem observa e lê as produções dos alunos tem informações importantes a respeito de suas aprendizagens, o que significa que nos registros produzidos temos outro importante instrumento de avaliação (Smole e Diniz, 2000).

Os registros são decididos em função da necessidade e das possibilidades dos alunos e da sua proposta. Se forem feitos em forma de texto, podem assumir diferentes aspectos quanto à sua elaboração (coletivo, individual, em duplas, por grupo de jogo), quanto ao destinatário (pais, colega, professor, próprio autor), e quanto ao portador de referência. Por exemplo:

- Texto narrativo relacionado às observações dos alunos sobre o jogo: o que aprenderam, características e descobertas sobre o jogo.
- Bilhete comentando um aspecto do jogo para um amigo: o aluno pode mandar uma dúvida que precisa ser encaminhada a alguém que consiga respondê-la, ou falar sobre a aprendizagem mais importante que fez, ou outra opção que você considere adequada.
- Uma carta ensinando o jogo para outra pessoa ou para outra classe.
- Uma lista de dicas para ter sucesso no jogo, ou para indicar como superar determinados obstáculos.

Nos diversos jogos que sugerimos neste caderno, você verá alguns exemplos dessas propostas. Contudo, gostaríamos de acrescentar algo que se refere à avaliação. Analisar os registros dos alunos como instrumento de avaliação é quase sempre mais eficaz do que obter dados a partir de uma prova pontual, porque permite intervenções imediatas na realidade observada, não sendo necessário esperar um bimestre ou um trimestre para resolver os problemas que surgem ou, na pior das hipóteses, tomar consciência deles. O registro produzido pelo aluno sem a pressão causada pela prova possibilita maior liberdade para mostrar aquilo que sabe ou sobre o que tem dúvidas. Essa finalidade não pode ser menosprezada ou esquecida. É importante que você utilize as produções dos alunos para identificar suas aprendizagens, necessidades, incompreensões, as origens delas e pensar com eles em formas de superação.

Problematizando um jogo

Embora durante um jogo surjam naturalmente inúmeras situações-problema que os jogadores devem resolver para aprimorar suas jogadas, para decidir o que fazer antes de realizar uma ação, para convencer um oponente de seu ponto de vista e até para neutralizar ou dificultar a jogada seguinte do parceiro de jogo, existe a possibilidade de ampliar esse processo por meio da proposição de problemas. Essa ação pode ser feita durante um jogo ou a partir do jogo.

Durante o jogo, enquanto observa os alunos jogando, você pode pedir para que eles expliquem uma jogada, ou porque tomaram uma decisão e não outra, e até mesmo perguntar se não há uma jogada que dificulte a próxima ação. Vale a pena também se colocar como jogador em algumas ocasiões para observar como os alunos pensam, fazer uma jogada e discuti-la com o grupo no qual está jogando.

Essa problematização no ato do jogo favorece sua percepção das aprendizagens, das dúvidas, das confusões, do envolvimento dos alunos na própria ação de jogar.

No entanto, alguns cuidados são necessários. O primeiro deles é saber o limite de problematizar, cuidando para que a ação de jogar, o prazer de jogar e o envolvimento com o jogo não fiquem prejudicados devido ao excesso de perguntas vindas de sua parte. O segundo é lembrar que, em não sendo possível observar todos os alunos ao mesmo tempo, você precisa criar um roteiro de observação para olhar diferentes grupos jogando em cada uma das vezes que o jogo se repetir.

Há ainda a possibilidade de exploração a ser feita após o jogo. Nesse caso, são escolhidas possíveis jogadas para os alunos analisarem, criadas perguntas que lhes permitam pensar em aspectos do jogo que podem ser aprofundados, simular situações nas quais analisem entre algumas jogadas possíveis qual a melhor decisão a tomar, entre várias outras propostas. Nesse caso também há cuidados a serem tomados.

O primeiro deles é não propor esse tipo de problema logo na primeira vez em que os alunos jogarem, já que o desconhecimento das regras e as incompreensões iniciais podem desfavorecer uma discussão mais rica por parte da turma. Temos visto que depois da segunda ou terceira vez em que jogam é que os alunos aproveitam mais cada problema e envolvem-se bem com eles.

O segundo cuidado é fazer registros das conclusões mais importantes que forem tiradas enquanto são discutidas as problematizações e por fim observar os efeitos dessas problematizações na própria ação de jogar. Ou seja, verifique se os alunos passam a analisar melhor suas jogadas, se pensam mais para decidir como realizar suas ações de jogo, se ampliam sua discussão sobre o próprio jogo, se fazem novas perguntas. Isso mostra que as explorações cumpriram sua função de envolver os alunos em aprender mais e melhor nas aulas de matemática.

Uma última forma de problematizar o jogo é pedir aos alunos que modifiquem as regras, ou que inventem um jogo parecido com aquele que foi dado. Nessa proposta, será preciso que eles elaborem um plano sobre como será o jogo e de quais recursos necessitarão para fazê-lo, criem as regras, joguem os jogos que elaboraram, analisem as produções uns dos outros e tenham tempo para aprimorá-las, de modo que qualquer pessoa que desejar possa jogar. Essa é uma proposta mais complexa, mas permite aos alunos perceberem como acontece a estruturação de regras, a relação delas com as jogadas e o seu grau de complexidade, selecionar o conhecimento matemático necessário para produzir as situações de jogo. É uma proposta que permite aos alunos utilizarem seus conhecimentos em uma nova situação, estabelecendo novas relações de significado para eles.

Ações de problematização serão sugeridas em muitos dos jogos deste caderno. Você pode utilizá-las ou propor outras que considere mais adequadas ao seu grupo de alunos.

Jogos de Matemática de 6º a 9º Ano

COMO USAR ESTE CADERNO

Os jogos que apresentamos neste caderno não aparecem em uma sequência para ser usada do começo ao fim. Eles foram pensados para oferecer níveis diferentes de complexidade, para diferentes grupos, envolvendo variados conceitos e procedimentos matemáticos. Por isso, você pode escolher o melhor momento de apresentá-los aos seus alunos em função das necessidades de ensino e aprendizagem e de acordo com o seu planejamento.

Cada jogo é apresentado para o grupo ao qual se destina, podendo ser utilizado em mais de um ano. Isso ocorre porque um jogo que em um ano tem como foco introduzir ou aprofundar um conceito, em outro pode servir como uma retomada de algo que foi visto, porém ainda não aprendido.

Todas as propostas foram organizadas de modo a que você saiba os objetivos daqueles jogos e quais os recursos necessários para a sua realização. Além das regras, há modelos de cartas, tabuleiros e fichas de anotações, quando isso se fizer necessário.

Quase sempre a proposta contém sugestões de exploração e exemplos de produções de alunos que ilustram alguns dos comentários que fizemos sobre o jogo no ensino e na aprendizagem da matemática.

As indicações de ano já seguem as novas determinações do MEC sobre a reorganização do ensino fundamental para nove anos, dada pela Lei 11.114, de 16 de maio de 2005. De acordo com essa Lei, o ensino fundamental ocorrerá a partir dos 6 anos e deverá ser concluído aos 14 anos, sendo que fica dividido em duas grandes etapas: anos iniciais (1º ao 5º ano) e anos finais (6º ao 9º ano).

Neste caderno, já utilizamos a nova nomenclatura. A tabela a seguir indica a correspondência entre a antiga denominação e a atual, e poderá auxiliá-lo a localizar e selecionar os jogos para seus alunos:

Ensino Fundamental 9 anos	Correspondência Idade	Ensino Fundamental 8 anos
1º ano	06 anos	
2º ano	07 anos	1ª série
3º ano	08 anos	2ª série
4º ano	09 anos	3ª série
5º ano	10 anos	4ª série
6º ano	11 anos	5ª série
7º ano	12 anos	6ª série
8º ano	13 anos	7ª série
9º ano	14 anos	8ª série

PARA FECHAR ESTA CONVERSA

Como você deve ter percebido, não pensamos no jogo como uma atividade esporádica, que se possa fazer apenas para tornar uma ou outra aula mais divertida ou diferente. Também não pensamos no jogo como algo que seja feito fora da sala de aula. Para nós, o jogo é bem mais que isso. A possibilidade de utilizar os jogos relaciona-se com a aprendizagem, com a própria construção do conhecimento matemático e, portanto, com a resolução de problemas.

Ainda que possa parecer uma contradição, para nós o jogo nas aulas de matemática é uma atividade séria, que exige planejamento cuidadoso, avaliação constante das ações didáticas e das aprendizagens dos alunos. Nossos estudos mostram que, se bem-aproveitadas as situações de jogo, todos ganham. Ganha o professor porque tem uma possibilidade de propor formas diferenciadas de os alunos aprenderem, permitindo um maior envolvimento de todos e criando naturalmente uma situação de atendimento à diversidade de aprendizagem, uma vez que cada jogador é que controla seu ritmo, seu tempo de pensar e de aprender. Ganha o aluno porque fica envolvido por uma atividade complexa que permite a ele, ao mesmo tempo em que constrói noções e conceitos matemáticos, desenvolver muitas outras habilidades que serão úteis por toda a vida e para aprender não apenas matemática.

Divisores em Linha*

O conceito de divisores, os critérios de divisibilidade e o cálculo mental podem ser amplamente explorados a partir deste jogo. A descoberta de noções de números primos e a relação entre números e operações são também alguns dos objetivos nele propostos.

Organização da classe: em grupos de dois ou quatro alunos; no caso de serem quatro, o jogo será de dupla contra dupla.

Recursos necessários: para cada jogador ou dupla de jogadores, dois tabuleiros, dois dados, de preferência um de cada cor, uma calculadora, 15 marcadores e uma folha para registro das jogadas. Na folha de registros há espaço para o registro de 11 jogadas. A folha com as regras é opcional, já que o professor poderá fornecê-las oralmente.

A calculadora poderá ou não ser utilizada, dependendo dos objetivos que forem estabelecidos para o jogo. Se o objetivo maior for que seus alunos compreendam o conceito de divisor, que estabeleçam determinadas relações de divisibilidade, o uso da calculadora pode facilitar, evitando que eles se sintam desestimulados frente aos cálculos.

---

*Carillo, E.; Hernán, F. *Recursos en el aula de matemáticas*. Madri: Editorial Sintesis, 1991.

Se, no entanto, o objetivo for que seus alunos realizem também cálculos, a calculadora não deve ser utilizada. Em nossa opinião, é interessante que as duas situações ocorram, porque em cada uma delas há aprendizagens de natureza diferente uma da outra.

O preenchimento da folha de registro merece atenção especial, pois ela é um recurso importante para você verificar se seus alunos estão encontrando corretamente o divisor do número.

Depois de jogar algumas vezes, você poderá propor que os alunos modifiquem a última regra para: *ganha quem primeiro conseguir enfileirar cinco de suas fichas na posição horizontal, vertical ou diagonal.*

Esta é uma forma de tornar o jogo mais complexo, fazendo com que os alunos busquem novas estratégias.

Sugerimos também que você converse com os alunos para saber como eles escolheram os divisores, quais foram as dificuldades e facilidades encontradas e, por último, peça que escrevam o que aprenderam com o jogo. Vejamos alguns exemplos de textos produzidos por alunos após jogarem *Divisores em linha*:

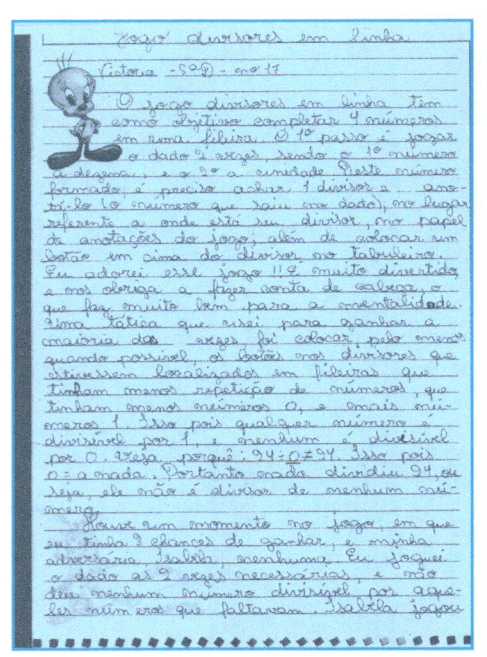

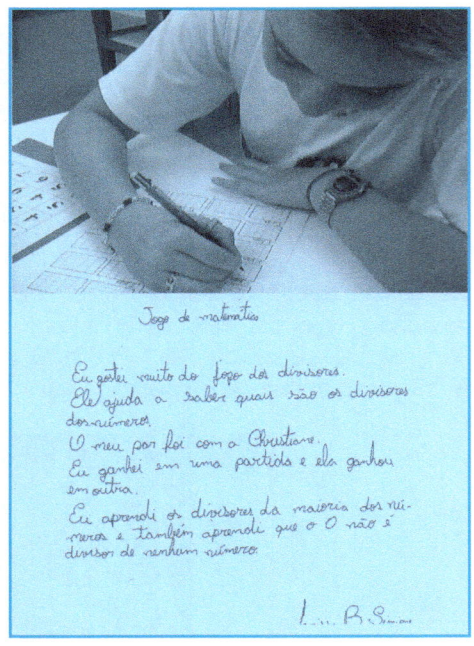

A noção de número primo pode ser explorada a partir de algumas situações do jogo. Por exemplo, você pode solicitar que os alunos investiguem e escrevam todos os números que saíram nos dados para os quais eles encontraram apenas dois divisores – a unidade e o próprio número – e, a partir daí, caracterizar os números primos.

Os alunos também podem ser estimulados a discutir as diferenças entre os tabuleiros. Espera-se que percebam que um deles tem três zeros e dois números 1 e o outro tem dois zeros e três números 1 e que nos dois tabuleiros é possível ganhar o jogo com apenas duas marcações no tabuleiro.

REGRAS

1. A cada um dos jogadores (ou dupla de jogadores) é distribuído um dos tabuleiros. Desse modo, as duplas jogam com tabuleiros diferentes.
2. Cada jogador, alternadamente, lança os dados e escreve um número de dois algarismos:
   - ◆ o algarismo das dezenas corresponde à pontuação do dado colorido ou, se os dados forem da mesma cor, ao primeiro dado lançado;
   - ◆ o algarismo das unidades corresponde à pontuação do dado branco ou, se os dados forem da mesma cor, ao segundo dado lançado.
3. Em seguida, o jogador põe um marcador sobre um dos números do seu tabuleiro, que seja divisor do número que obteve no lançamento dos dados. O número obtido no lançamento dos dados deve ser anotado na folha de registro, na posição correspondente ao divisor marcado no tabuleiro. Veja um exemplo de Folha de Registros preenchida.

Neste caso, a folha de registro mostra que no 1º jogo saiu o número 36 e o jogador **A** colocou o seu marcador sobre o número 9 (que é divisor de 36) e o jogador **B** marcou o 4 (que é divisor de 24).

Jogador A					Jogador B				
7	5	1	3	7	9	6	5	4	1
2	4	8	2	5	2	9	0	7	8
4	5	0	3	9	8	0	2	4	3
5	4	9	0	6	6	3	1	3	7
1	5	6	7	1	8	6	0	5	4

1º jogo

			36						
									24

4. Se um jogador colocar o seu marcador em uma das casas do tabuleiro com um número que não é divisor do número obtido nos dados, perde a sua vez de jogar.
5. Se não houver possibilidade de marcar um número divisor do número obtido nos dados, porque todos eles já estão marcados, o jogador passa a sua vez de jogar.
6. Ganha o jogador que primeiro conseguir colocar, em seu tabuleiro, quatro de seus marcadores seguidos em linha na horizontal, vertical ou diagonal.

FOLHA DE REGISTROS

Nome: _____

Jogador A						Jogador B				
7	5	1	3	7		9	6	5	4	1
2	4	8	2	5		2	9	0	7	8
4	5	0	3	9		8	0	2	4	3
5	4	9	0	6		6	3	1	3	7
1	5	6	7	1		8	6	0	5	4

1º jogo

2º jogo

3º jogo

4º jogo

5º jogo

TABULEIROS

Tabuleiro A

7	5	1	3	7
2	4	8	2	5
4	5	0	3	9
5	4	9	0	6
1	5	6	7	1

Tabuleiro B

9	6	5	4	1
2	9	0	7	8
8	0	2	4	3
6	3	1	3	7
8	6	0	5	2

3 Pescaria de Potências

ANOS 9º 8º 7º 6º

O conceito de potência, sua notação e o cálculo mental são trabalhados neste jogo.

Organização da classe: em grupos de três a cinco jogadores.

Recursos necessários: para cada grupo, é necessário um baralho com 60 cartas, conforme mostramos no anexo.

Esse jogo pode ser utilizado depois que os alunos já conhecem o conceito de potência e sua representação. Ele exige atenção de todos os jogadores, porque das perguntas de um dependem as perguntas que outros farão.

A produção de textos com dicas para não errar em cálculo de potências é uma proposta de exploração que costuma exigir dos alunos uma boa reflexão. Fica mais interessante se você propuser que usem a lista feita tanto para resolver outros problemas envolvendo potências quanto para realizar o jogo outras vezes.

Variações:

- ◆ Incluir cartas com bases negativas.
- ◆ Incluir cartas com expoentes negativos.
- ◆ Incluir cartas com números racionais.
- ◆ As cartas mostram potências com números reais.

As duas últimas variações podem ser usadas com o 9º ano.

REGRAS

1. As cartas são embaralhadas e cada jogador deve receber cinco cartas. As demais ficam no centro da mesa, com as faces voltadas para baixo, formando o lago de pescaria.
2. O objetivo do jogo é formar o maior número de pares. Um par corresponde a uma potência e seu valor numérico.
3. Inicialmente, os jogadores formam todos os pares com as cartas que receberam e os colocam à sua frente, de modo que todos os jogadores possam ver o par formado.
4. Decide-se quem começa. Joga-se no sentido horário.
5. Cada jogador, na sua vez, pede para o seguinte a carta que desejar para tentar formar um par com as cartas que tem na sua mão. Ele pode pedir na forma de potência ou como um número. Por exemplo, se o jogador A tiver na mão o 5^2 ele deve tentar conseguir o 25 para formar um par. Ele, então, diz ao próximo: "Eu quero o 25". Se o colega tiver essa carta, ele deve entregá-la e o jogador A que pediu a carta forma o par e o coloca em seu monte. Se o colega não possuir essa carta ele diz: "Pesque!". E o jogador A deve pegar uma carta do monte no centro da mesa: se conseguir formar o par que deseja ou um outro par qualquer, coloca-o em seu monte; se não conseguir, fica com a carta em sua mão e o jogo prossegue.
6. O jogo acaba quando terminarem as cartas do lago, ou quando não for mais possível formar pares.
7. Não é permitido blefar. Se uma carta for pedida a um jogador e ele a possuir, deve entregá-la sob pena de sair do jogo.
8. Ganha o jogador que, ao final, tiver o maior número de pares em seu monte.

PESCARIA
Cartas 1

2^2	2^3	2^4	2^5
3^2	3^3	3^4	4^2
4^3	5^2	5^3	6^2
7^2	8^2	9^2	10^2
10^3	10^4	1^3	1^7

Jogos de Matemática de 6º a 9º Ano

PESCARIA
Cartas 2

10^1	7^1	0^2	0^6
2^0	5^0	0	0
1	1	7	10
4	8	16	32
9	27	81	16

PESCARIA
Cartas 3

64	25	125	36
49	64	81	100
1.000	10.000	1	1
4^{10}	0	1^3	1^8
1	1	15^1	15

4 Dominó de Racionais*

ANOS 6º 7º 8º 9º

O objetivo deste jogo é fazer com que o aluno relacione diversas representações de números racionais: figuras, frações, representação decimal e percentagens.

Organização da classe: em grupos de dois ou três alunos.

Recursos necessários: para cada grupo de alunos, um dominó com 50 peças.

Neste jogo, a figura [ ] é, com frequência, aquela que os alunos apresentam maior dificuldade para relacionar a um número racional.

A partir de uma discussão com a classe, os alunos poderão concluir que a parte pintada da figura corresponde a 1/8. Como mostra a sequência de figuras abaixo, a parte pintada é obtida dividindo-se o quadrado em 8 triângulos iguais.

Outra dificuldade pode surgir na relação entre as representações de 1/3 como 0,33 ou 33,3%.

É importante analisar o fato de que, neste caso, houve uma aproximação nos valores, pois a representação decimal de 1/3 é infinita e periódica.

Depois de jogar pelo menos duas vezes, sugerimos que você proponha que os alunos produzam um texto sobre o jogo. Se você sentir que há necessidade, elabore

---
*Baseado em Byre, D. (1986), citado por Sá, A.J.C. *A aprendizagem da matemática e o jogo*. Lisboa: APM, 1995.

um pequeno roteiro para orientar os alunos na produção do texto. O texto a seguir, produzido por uma aluna do 7º ano, fornece muitas informações sobre a aprendizagem que ela teve enquanto jogava.

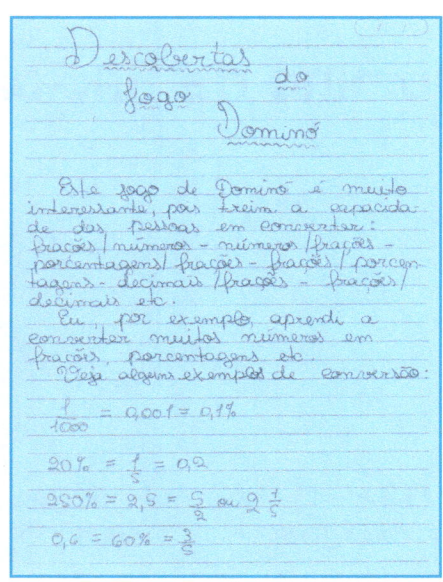

Sugerimos que este jogo seja planejado para duas aulas, para que não haja quebra de ritmo nas discussões.

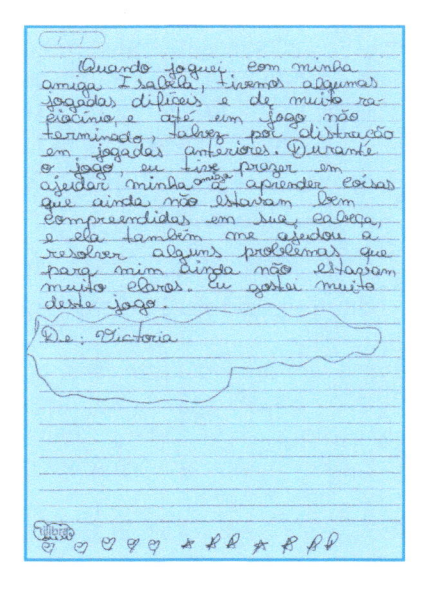

Analisando o texto da aluna, observamos que ela relacionou corretamente as diversas representações de números racionais. Porém, ao escrever que aprendeu *a converter muitos números em frações, percentagens, etc.* deu pistas ao professor para que ele fizesse intervenções no sentido de modificar o conceito de número que a aluna apresentou. Questões como "O que são números?" ou "As frações são números?" foram propostas para provocar a reflexão sobre o conceito de número.

REGRAS

1. As peças são colocadas sobre a mesa, viradas para baixo e misturadas.
2. Cada jogador pega cinco peças, enquanto as demais continuam viradas sobre a mesa.
3. Decide-se quem começa o jogo.
4. O primeiro jogador coloca uma peça virada para cima, sobre a mesa.
5. O segundo jogador tenta colocar uma peça, em que uma das extremidades represente o mesmo número que está representado em uma das extremidades da peça que está sobre a mesa.
6. Só pode ser jogada uma peça de cada vez.
7. Na sua vez, o jogador que não tiver uma peça que possa ser encaixada, deve "comprar" outra peça no monte que está sobre a mesa. O jogador deverá ir comprando até encontrar uma peça que encaixe. Se depois de comprar cinco peças ainda assim não conseguir uma peça adequada, o jogador deverá passar a sua vez.
8. O vencedor é o primeiro jogador que ficar sem peças.

PEÇAS

50%	$\frac{1}{3}$			0,2	12,5%
25%	$\frac{1}{5}$	12,5%	$\frac{1}{4}$	0,5	33,3%
20%	1	0,25	0,5	0,5	$\frac{1}{10}$
$\frac{1}{10}$	33,3%	$\frac{1}{1}$	50%	$\frac{1}{5}$	10%
10%	0,333	33,3%	0,25	$\frac{1}{4}$	20%
$\frac{1}{8}$	0,1	$\frac{1}{5}$	$\frac{1}{2}$	0,1	12,5%
$\frac{1}{10}$	20%	$\frac{1}{4}$	0,125	12,5%	$\frac{1}{10}$

▭	25%	1/2	▥	◩	◪
☰	0,125	1/2	◳	10%	◧
▥	50%	20%	▦	◫	1
◰	0,333	1/8	◣	0,333	10%
◸	0,2	1/3	◳	0,333	1/4
◧	0,2	33,3%	▦	0,1	0,1
◳	1/3	0,125	▭	50%	0,25
▦	1/8	0,125	☰	100%	0,25
▦	0,5	0,25	▥	25%	1/2
▭	1/8	1/3	◧	0,2	25%

5 Estrela*

ANOS 9º 8º 7º 6º

Este jogo possibilita que os alunos descubram os efeitos das operações de adição, subtração, multiplicação e divisão com números decimais e ainda que façam estimativas.

Trata-se de um jogo de estratégia que pode ser usado de várias maneiras, de modo a gerar discussões sobre conceitos relacionados a números decimais.

Organização da classe: em duplas.

Recursos necessários: para cada dupla, um tabuleiro, um marcador, duas folhas de registro e duas calculadoras.

Como se trata de um jogo de estratégia, depois de algum tempo os alunos perceberão que não importa ser o primeiro a chegar ao final, mas sim garantir o maior resultado em cada trecho do jogo.

---
*Miller, D. *How to develop problem solving using a calculator*. New York: Cuisenaire, 1979.

É comum, no início do jogo, os alunos não compreenderem que dividindo números decimais é possível obter-se um resultado maior que o dividendo.

Ao final de algumas jogadas, é esperado que os alunos descubram que a divisão e a multiplicação por números decimais menores que 1 resultam em valores maiores ou menores que o número inicial, rompendo com uma crença errônea que muitos deles possuem em função da familiaridade com as operações entre números naturais.

Essas conclusões, no entanto, precisam ser discutidas com a classe para serem totalmente compreendidas. Para isso, sugerimos que, depois de jogarem, os alunos tenham oportunidade de discutir e refletir sobre o jogo. Uma maneira de provocar essa reflexão e, ao mesmo tempo, desenvolver a habilidade de escrever é solicitar que os alunos produzam um texto sobre o jogo.

Ao aluno, cujo texto é apresentado abaixo, foi solicitado que escrevesse sua opinião e suas descobertas sobre o jogo.

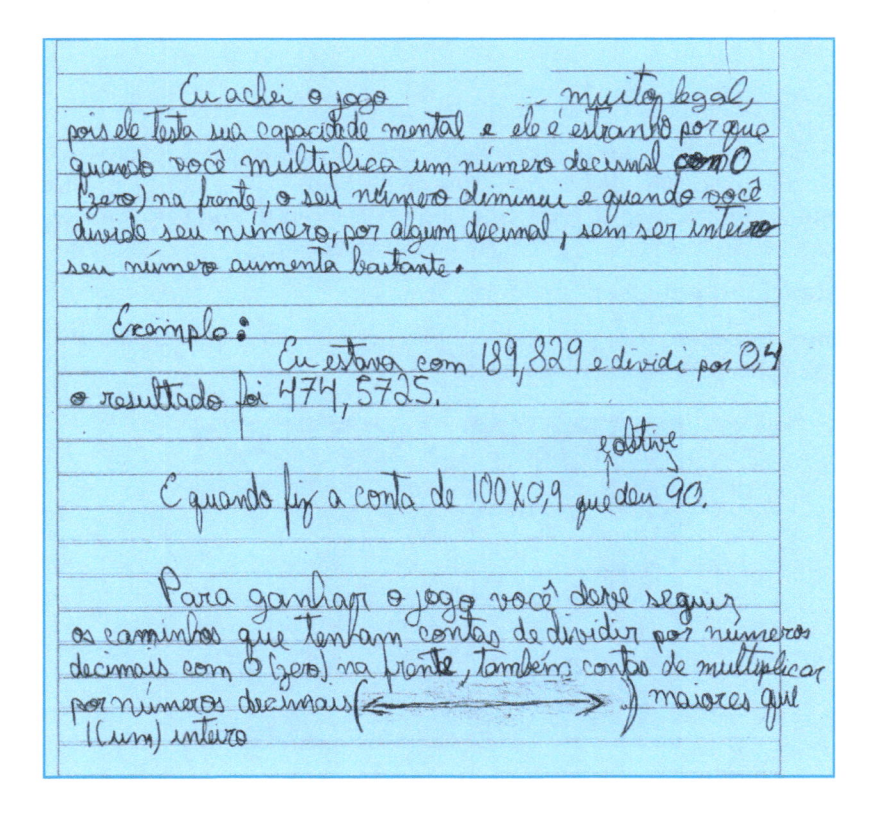

> Eu achei o jogo muito legal, pois ele testa sua capacidade mental e ele é estranho porque quando você multiplica um número decimal com 0 (zero) na frente, o seu número diminui e quando você divide seu número, por algum decimal, sem ser inteiro seu número aumenta bastante.
>
> Exemplo:
> Eu estava com 189,829 e dividi por 0,4 o resultado foi 474,5725.
>
> E quando fiz a conta de 100 x 0,9 que deu 90. (e obtive)
>
> Para ganhar o jogo você deve seguir os caminhos que tenham contas de dividir por números decimais com 0 (zero) na frente, também contas de multiplicar por números decimais (←——→) maiores que 1 (um) inteiro.

Na folha de registro, todas as operações são escritas evitando que o aluno tenha de reiniciar o jogo caso perca os dados já registrados na calculadora.

Jogos de Matemática de 6º a 9º Ano

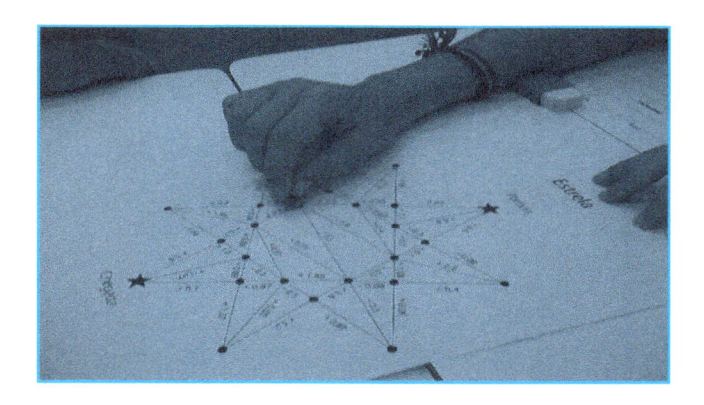

Esses registros permitem avaliar não só os avanços e as dificuldades dos alunos, como também podem mostrar a necessidade de retomadas pelo professor.

Além disso, solicitar que os alunos observem a folha de registro é uma forma interessante para facilitar a descoberta dos efeitos das operações entre números decimais maiores ou menores que 1.

REGRAS

1. No início do jogo, o marcador deve ser colocado no ponto de PARTIDA.
2. Cada um dos jogadores digita o número de partida (100) na sua calculadora.
3. O primeiro jogador, à sua escolha, desloca o marcador da posição de PARTIDA para outra posição adjacente e, usando a calculadora, efetua a operação indicada no segmento percorrido.

4. O segundo jogador faz o mesmo, partindo da nova posição do marcador, e assim sucessivamente.
5. O percurso pode ser feito em qualquer direção e em qualquer sentido, mas cada segmento não pode ser percorrido duas vezes em duas jogadas consecutivas.
6. Todas as jogadas devem ser registradas na folha de registros.
7. O jogo acaba quando um dos jogadores alcança a posição CHEGADA e ganha o jogador que tiver o maior número de pontos na sua calculadora.

VARIAÇÕES

1. Cada jogador coloca um marcador no ponto de partida e introduz o número 100 na sua calculadora, seguindo as regras descritas. Cada jogador determina o seu próprio percurso, partindo sempre da posição indicada pelo seu marcador na jogada anterior.
2. Cada jogador escolhe e traça o seu percurso "colorido" antes de iniciar o jogo. Depois, usando a calculadora, efetua as operações correspondentes ao percurso escolhido. Ganha o jogador que obtiver maior pontuação.

Jogos de Matemática de 6º a 9º Ano

TABULEIRO

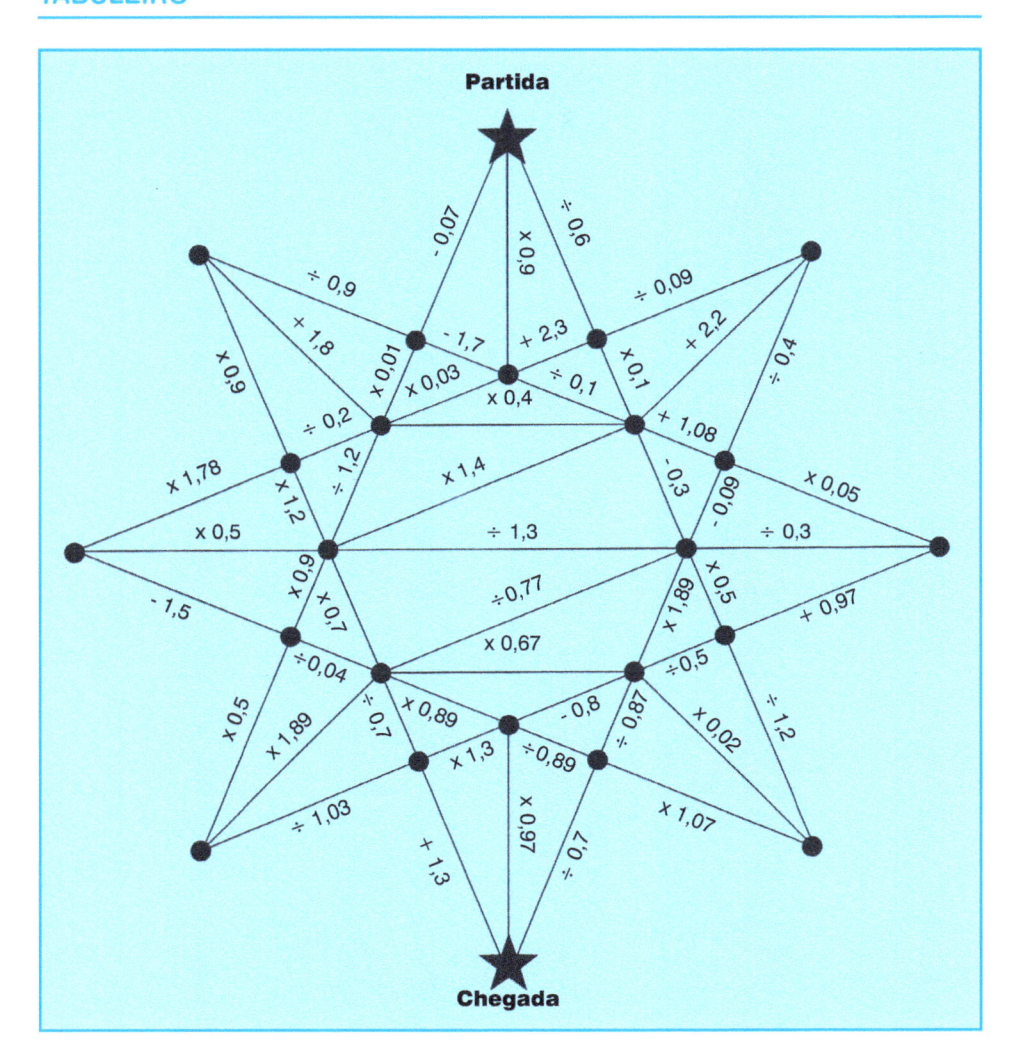

FOLHA DE REGISTROS

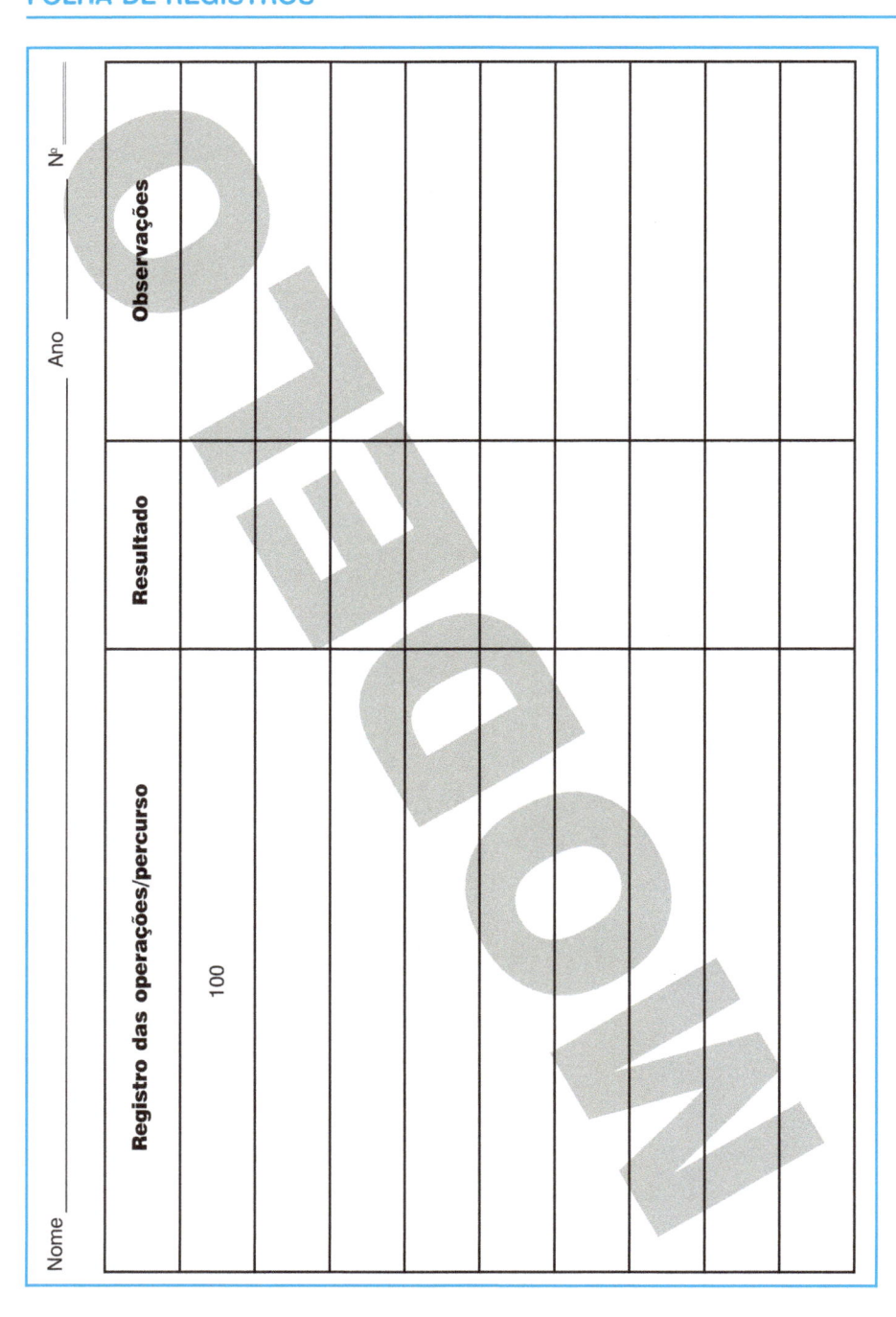

Nome _____ Ano ____ Nº ____										
Observações										
Resultado										
Registro das operações/percurso 100										

MODELO

Contador Imediato

6 ANOS — 6º 7º 8º 9º

Este jogo explora o cálculo mental e a habilidade de fazer estimativas com relação à divisão de números decimais por 10, 100 ou 1000. A noção de intervalo numérico também é explorada no jogo.

Organização da classe: em grupos de dois ou quatro alunos.

Recursos necessários: para cada grupo, uma ficha com o tabuleiro e as regras.

Antes de jogar, verifique se seus alunos não têm dúvidas quanto à notação de intervalo na forma de desigualdades que aparece na Caixa de Pontos da ficha. Para jogar corretamente, é preciso que eles saibam que 0,1< R<1 significa que o resultado R é maior que 0,1 e menor que 1.

Observe seus alunos enquanto jogam para coletar informações sobre as dificuldades encontradas por eles. Faça questões como as que seguem e discuta as respostas com a classe.

1. Em qual dessas situações o jogador fará mais pontos? Por quê?

    76,2 : 10 ou 76,2: 100 ?

2. Quero obter o máximo de pontos possível, mas no Quadro de Números só há os números 52 e 9,678. Que número escolher e por quanto devo dividi-lo?

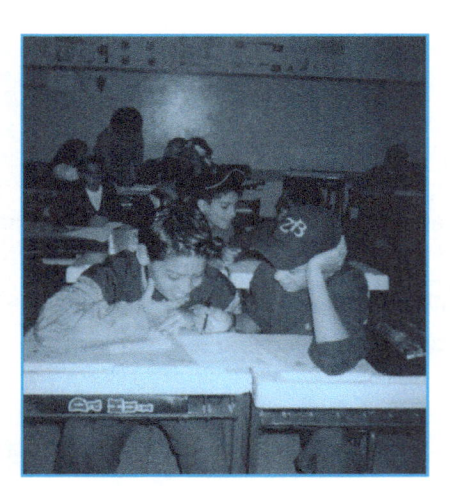

Outra maneira de explorar o jogo é propor que os alunos mudem os números do Quadro de Números ou a pontuação.

Jogos de Matemática de 6º a 9º Ano

REGRAS

1. O jogo consiste de cinco jogadas.
2. Decide-se quem começa.
3. Os jogadores alternam-se nas jogadas.
4. Cada jogador, na sua vez, escolhe um dos números do quadro, que não poderá mais ser escolhido por outro jogador, e faz a opção por dividi-lo por 10, 100 ou 1000.
5. Verifica em que caixa de pontos está o resultado R da divisão escolhida e marca os pontos obtidos.
6. Durante uma partida (cinco jogadas), cada jogador deve realizar pelo menos uma divisão por 10, 100 e 1000.
7. Ganha o jogador que, ao final, tiver o maior total de pontos.

TABULEIRO

QUADRO DE NÚMEROS

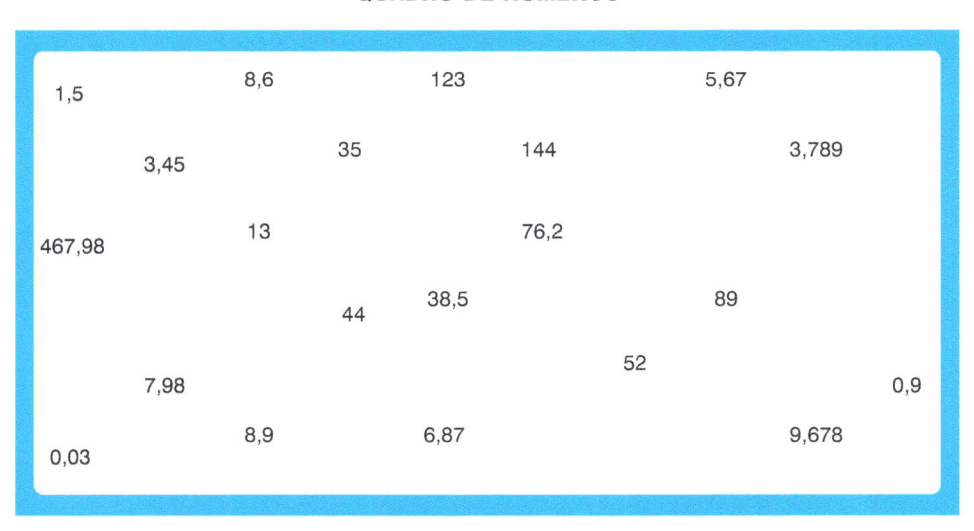

1,5   8,6   123   5,67
  3,45   35   144   3,789
467,98   13   76,2
    44   38,5   89
      52   0,9
  7,98
    8,9   6,87   9,678
0,03

CAIXA DE PONTOS para o resultado R

1 ponto	5 pontos	10 pontos	5 pontos	1 ponto
R < 0,001	0,001 < R < 0,01	0,01 < R < 0,1	0,1 < R < 1	R > 1

7 Comando

Este jogo possibilita explorar a comparação de números decimais. Habilidades de cálculo mental e de estimativa também podem ser exploradas.

Organização da classe: grupos de dois a quatro alunos.

Recursos necessários: cada grupo recebe um baralho com 30 cartas, três de cada um dos algarismos de 0 a 9, uma folha de registros e cartas com vírgula em quantidade igual à de jogadores.

Para explorar este jogo com os alunos, é possível discutir com eles as decisões que tiveram de tomar enquanto jogavam, tais como decidir se um número decimal é o maior possível ou qual o número mais próximo de 3.

É interessante também simular possíveis situações de jogo:

1. Luís tem as cartas 1, 3 e 0 e Ana tem as cartas 1, 3 e 1. Quem pode formar o número mais próximo de 1?
2. A professora deu o comando para os alunos formarem o menor número decimal possível. Cláudia formou 0,01, Wilson formou 0,10 e Olga formou 0,02. Qual deles venceu essa rodada?
3. Em uma rodada, Raquel disse que 8,75 era mais próximo de zero do que 9,75. O que você diria para Raquel se estivesse no jogo?

Analisando as regras de jogo e os possíveis comandos, você perceberá que algumas vezes é possível o empate, ou porque dois jogadores conseguiram números iguais, ou porque ninguém conseguiu realizar o comando. Nesse caso, não está previsto nas regras o que deve ser feito, mas isso é proposital. A intenção é que cada grupo resolva localmente o que fará em uma situação não prevista nas regras e que depois a classe tenha um momento propiciado por você para discutir as situações em que isso aconteceu e como a encaminharam.

Nesses casos, o jogo permite a tomada de decisão e a percepção pelos alunos do valor das regras e de como elas se constroem em um processo de resolução de problemas.

REGRAS

1. Decide-se quem começa e quem preencherá a folha de registros.
2. As 30 cartas são embaralhadas e colocadas no centro da mesa com as faces voltadas para baixo.
3. Cada jogador tem uma carta com vírgula e, na sua vez de jogar, pega três cartas e monta com elas um número decimal de acordo com o comando do professor.
4. O professor dará os comandos. Por exemplo: monte com suas três cartas *o maior número decimal possível*. O aluno deverá usar as suas três cartas e a vírgula com o objetivo de atender o comando do professor.
5. O jogador que conseguir formar o número "comandado" pelo professor fica com as cartas dos oponentes. Se o jogo é realizado em duplas, o vencedor fica com seis cartas: três cartas do adversário e mais suas três cartas.
6. Na folha de registros, são anotados os comandos, os nomes dos jogadores, os números formados com as três cartas e o nome do vencedor da rodada.
7. O jogo continua com nova escolha de cartas e novo comando do professor.
8. Ganha o jogo aquele que, ao final de seis rodadas, possuir o maior número de cartas.

Exemplos de comandos do professor

Monte com suas cartas o:

◆ Menor número decimal possível.
◆ Número decimal mais próximo de 0.
◆ Número decimal entre 1 e 2.
◆ Número decimal menor que 1,03.
◆ Número próximo de 0,97.

Variações possíveis:

1. Fazer o jogo com as mesmas regras, mas usando apenas duas cartas.
2. Usar cartas que incluam números negativos.

CARTAS

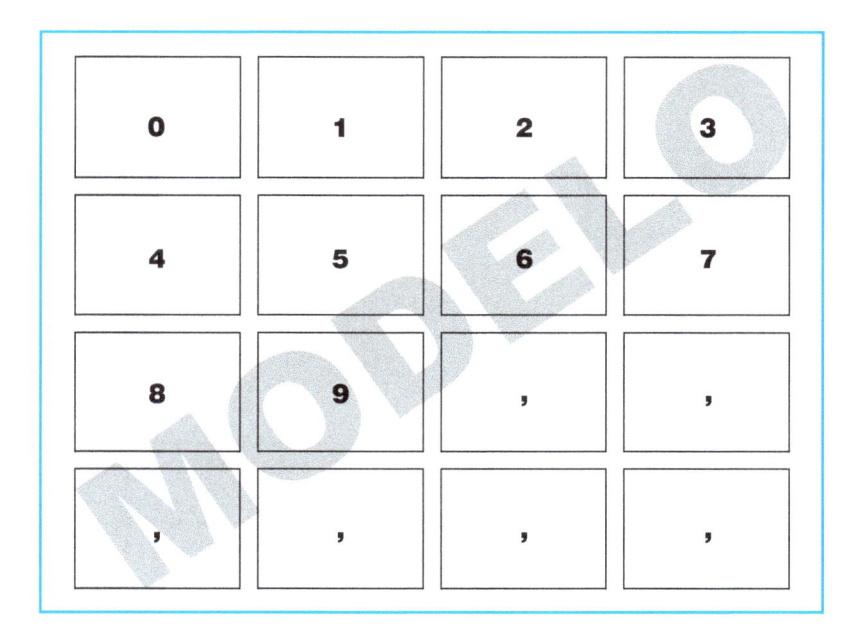

0	1	2	3
4	5	6	7
8	9	,	,
,	,	,	,

Obs: É preciso ter três cartas de cada número. Cada jogador usará apenas uma carta de números

FOLHA DE REGISTROS

Comandos	JOGADORES				Vencedor
	Jogador 1	Jogador 2	Jogador 3	Jogador 4	
1					
2					
3					
4					
5					
6					
Total de cartas					

Termômetro Maluco

Este jogo explora o conceito de número inteiro e pode ser usado para introduzir as operações de adição e subtração nesse campo numérico. O registro das operações possibilita que os alunos estabeleçam relação entre os movimentos das peças e a linguagem simbólica matemática.

Organização da classe: em grupos de dois ou três alunos.

Recursos necessários: Cada grupo usará um tabuleiro com o termômetro, um conjunto com 27 cartas, formado com três cartas de cada um dos números 0; -1; -2; -3; -4; +1; +2; +3 e + 4, e dois marcadores de cores diferentes.

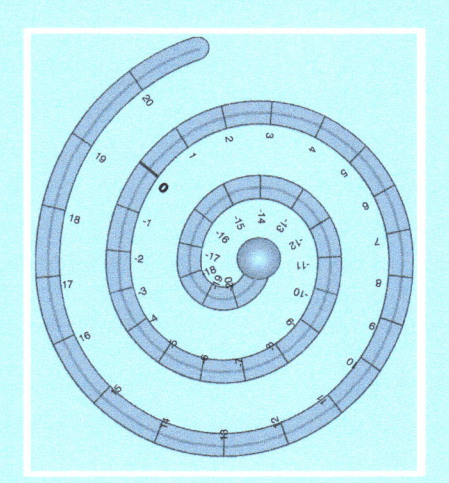

Sugerimos que, nas primeiras vezes em que jogarem, os alunos não façam registros das jogadas, apenas se apropriem das regras e aprendam.

Após jogarem algumas vezes, é interessante o registro das jogadas para, a partir dos mesmos, introduzir a soma algébrica dos números inteiros. Suponha que os registros sejam:

Casa de partida	Carta retirada	Casa de chegada
0	+3	+3
+3	-4	-1
-1	+2	+1

Você pode pedir que os alunos relacionem as jogadas com a expressão 0 + (+3) + (-4) + (+2) e discutir com eles as diferentes formas de realizar esse cálculo e obter o resultado +1.

O jogo é um cenário estimulante para problematizações:

1. Humberto estava na marca -6 e foi para a marca -2. O que pode ter acontecido?
2. Célia estava na marca -17 e congelou. Qual carta ela tirou?
3. Ângela estava no zero e, nas três rodadas seguintes, ela tirou as seguintes cartas: -3, +2 e +1. Em qual posição está agora?
4. Invente você mais dois problemas a partir do jogo.

Finalmente, é interessante pedir aos alunos que registrem o que aprenderam em forma de texto. Eles podem primeiro pensar isso em duplas, fazer uma lista das aprendizagens e então escrever. As duplas trocam seus textos e comparam as aprendizagens feitas e como isso apareceu no texto. Nesse caso, você tem um bom termômetro para avaliar as aprendizagens e decidir os caminhos a seguir daí para frente: que dúvidas ficaram, que interferências fazer, como utilizar mais atividades, etc.

VARIAÇÕES

1. O termômetro pode ser desenhado no chão seguindo-se as regras já estabelecidas e com os jogadores como marcadores. Essa variação pode tornar o jogo bastante dinâmico. É ainda uma boa maneira de apresentar o jogo e suas regras para todos os alunos da classe antes de dividi-los em grupos para jogar.
2. Acrescentar três cartas com a palavra oposto. Nesse caso, ao retirar essa carta, o jogador deve deslocar o seu marcador para o oposto do número

indicado na casa onde se encontra. Por exemplo: se o marcador estiver na casa +5, e a carta oposto for retirada, o marcador deverá ir para a casa -5. Com essa variação, é possível introduzir o conceito de oposto e associá-lo ao de um número inteiro e o seu oposto na reta numerada.
3. Acrescentar duas ou mais cartas, inserindo no jogo a operação potenciação. Por exemplo, inserir duas cartas, Potência 2 e Potência 3. Nesse caso, as regras devem ser parcialmente alteradas para que o jogo funcione: o jogador que retirar a carta *Potência*, deverá retirar do monte uma outra carta, cujo número será elevado ao quadrado ou ao cubo conforme indicação da carta, e efetuar a operação com esse resultado a partir da posição do seu marcador.

REGRAS

1. Cada grupo usa um tabuleiro com o termômetro e um conjunto de cartas que devem ser embaralhadas e colocadas no centro da mesa, formando um monte, com as faces voltadas para baixo.
2. Para iniciar o jogo, cada jogador, na sua vez, coloca seu marcador na posição Zero e retira uma carta do monte. Se a carta indicar um número positivo, o jogador avança; se indicar um número negativo, recua e, se apontar para o zero, o jogador não move o seu marcador.
3. O jogo continua, com os jogadores retirando uma carta do monte e realizando o movimento a partir do valor da casa do seu marcador.
4. O jogador que chegar abaixo de -20 congela e sai do jogo.
5. Há três formas de ganhar o jogo:
    ◆ o primeiro jogador que chegar em +20, ou
    ◆ o último que ficar no termômetro, no caso de todos os outros jogadores congelarem e saírem do jogo, ou ainda
    ◆ o jogador que, terminado o tempo destinado ao jogo, estiver "mais quente", ou seja, aquele que estiver com o seu marcador na casa com o maior número em relação aos demais.

Exemplo de uma jogada

Início do jogo marcador no zero	*Começo* 0
1ª Jogada Retira a carta +3.	Vai para a casa +3.
2ª Jogada Retira a carta -4.	O jogador recua o seu marcador 4 casas e vai para a posição -1.

CARTAS

+1	+2	+3	+4
-1	-2	-3	-4
0	OPOSTO	Potência 2	Potência 3

Jogos de Matemática de 6º a 9º Ano

TABULEIRO

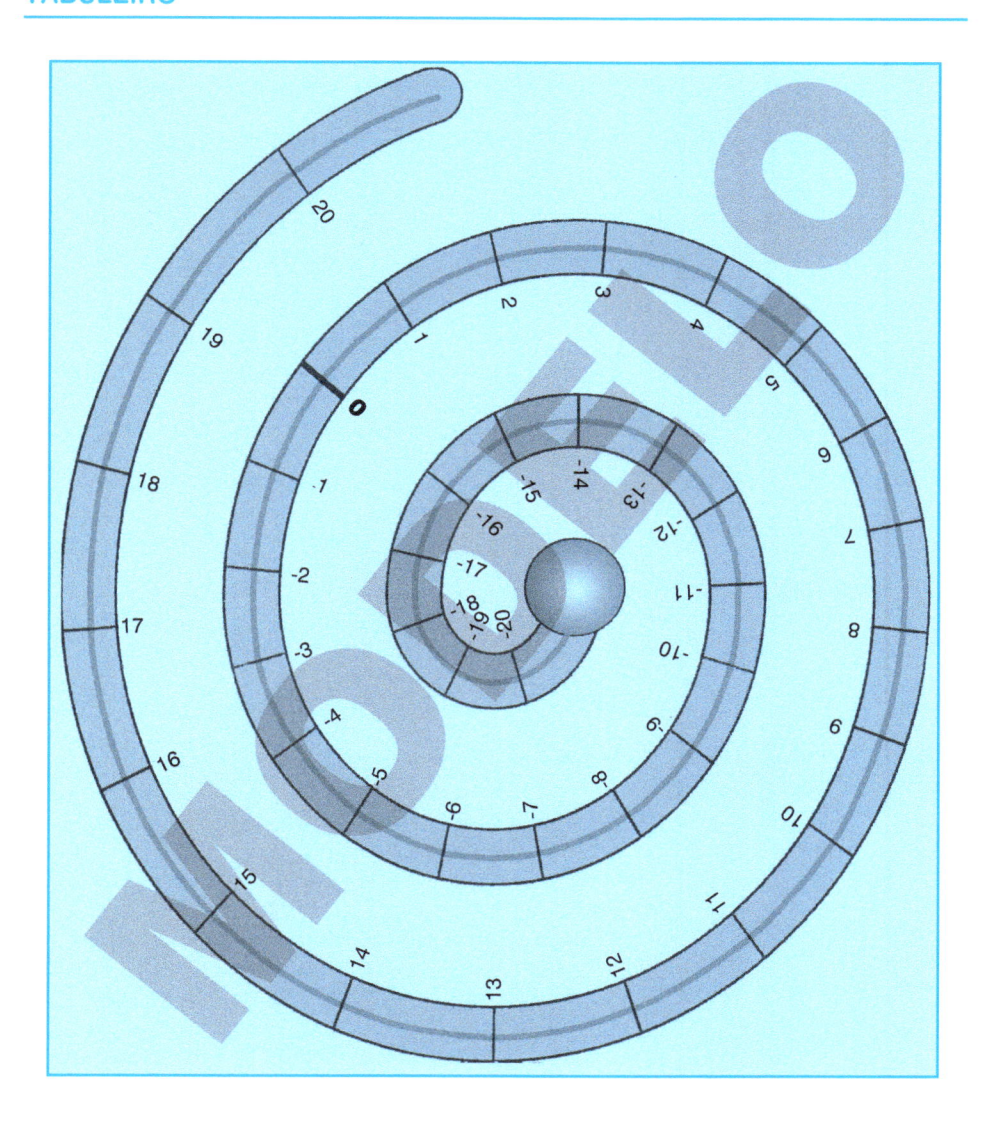

Matix

O cálculo com expressões numéricas que envolvem números inteiros é explorado neste jogo, possibilitando que os alunos aprendam a soma algébrica de números inteiros e desenvolvam o cálculo mental.

Organização da classe: de dois a quatro alunos; no caso de serem quatro alunos, o jogo será de dupla contra dupla.

Recursos necessários: para cada grupo, são necessários um tabuleiro quadrado com 36 casas e 36 cartas com os números inteiros escritos na tabela ao lado e nas quantidades indicadas.

Este não é um jogo de sorte, mas sim de estratégia, uma vez que as decisões de cada jogador têm muita interferência sobre quem vencerá e quem perderá a partida. As problematizações mais interessantes enfatizam a discussão de

Quantidade de peças	"Número" escrito na peça
1	Coringa
2	-10
2	-5
2	-4
2	-3
2	-2
2	-1
3	0
2	+1
2	+2
2	+3
2	+4
4	+5
1	+6
2	+7
2	+8
2	+10
1	+15

resultados de jogadas, visando a que os alunos reflitam sobre a soma algébrica de números inteiros.

Veja algumas problematizações possíveis:

1. Analise a seguinte situação de uma partida de *Matix*:
   - Sônia terminou o jogo com as seguintes peças: +7, -10, +5, +3, +8, +1, +15, -1, +6, +4, -3, -2, +5, 0, -10, 0 e +3.
   - Cleide terminou assim: +10, +5, -1, +7, +10, 0 , -4, +5, +4, +2, +1, +2, -2, +8, -3, -4, -5.

   Quem ganhou o jogo? Qual foi a diferença de pontos entre as duas jogadoras?

2. O que aconteceu com estes participantes, sabendo-se que:
   a) Paulo estava com 20 pontos positivos na quarta jogada. Quando terminou a quinta rodada, estava com 13 pontos positivos.
   b) Júlia estava com 13 pontos negativos na terceira jogada e terminou o jogo com 5 pontos positivos.
   c) Após a quarta jogada, Guilherme estava com 8 pontos positivos. Sabendo que ele escolheu as cartas +10 na terceira jogada e -2 na quarta jogada, com quantos pontos ele estava no final da segunda jogada?

3. Quantos pontos cada jogador fez?
   a) Thiago: -5, +8, +1, -2, +15, -4, +3, -10, -1, +5, +10, +7, +5 e +6.
   b) Solange: 0, +7, +10, +4, +5, -4, +2, -1, -5, -4, -10, +3, +1 e +5.
   c) Marcela: +2, +1, -2, 0, +2, +3, -5, -2, +5, +15, +10, +7, +8 e -10.
   d) Rodrigo: +8, -3, +1, -2, -1, +4, -3, +1, +4, +6, -1, +15, +10 e 0.

   É possível ainda falar das diversas maneiras de registrar adições envolvendo números positivos e negativos como no exemplo a seguir.

4. Suponha que uma pessoa termine o *Matix* com as seguintes peças:

   +2, -1, -5, +4, -10, +15, +8, -3, +6 e -5.

   O total de pontos desse jogador pode ser calculado assim:

   2 - 1 - 5 + 4 - 10 + 15 + 8 - 3 + 6 - 5 = 11.

   Nessa maneira de registrar a adição, as parcelas foram escritas acompanhadas dos sinais + ou -, porém a adição acima poderia ser registrada da seguinte forma:

   (+2) + (-1) + (-5) + (+4) + (-10) + (+15) + (+8) + 9 + (-3) + (+6) + (-5) = 11.

Jogos de Matemática de 6º a 9º Ano

Os alunos podem ainda escrever dicas para um jogador ter bons resultados nesse jogo.

O texto de dicas mostra ao professor como os alunos hipotetizaram suas jogadas, fizeram escolhas e quais problemas que resolveram através do jogo. Esse texto auxilia os alunos a terem maior clareza das estratégias vencedoras e de como fazer para planejar e executar jogadas

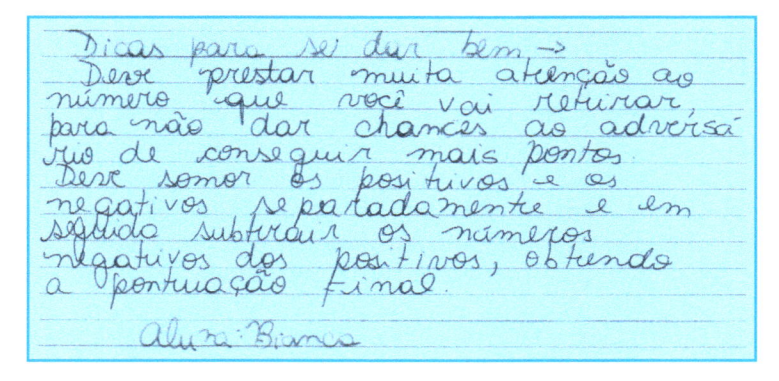

> Dicas para se dar bem.
> No começo pegar as fichas maiores. Quando as fichas forem diminuindo armar estratégias ao seu adversário, mesmo que você saia um pouquinho prejudicado.
> Pedro

> Dicas para se dar bem →
> Deve prestar muita atenção ao número que você vai retirar, para não dar chances ao adversário de conseguir mais pontos. Deve somar os positivos e os negativos separadamente e em seguida subtrair os números negativos dos positivos, obtendo a pontuação final.
> Aluna: Bianca

Nesse modo, os parênteses separam os sinais das parcelas, que podem ser negativas ou positivas, do sinal + colocado entre elas que indica a operação de adição.

Proponha uma partida e, após o jogo, peça para os alunos contarem para os outros grupos como determinaram a soma dos números retirados do tabuleiro. É interessante pedir para que anotem em seus cadernos dois ou três procedimentos diferentes dos utilizados por eles.

5. Coloque os sinais + ou − nas parcelas a seguir para obter os resultados indicados:

   a) (11) + (10) + (4) + (8) + (9) = − 4
   b) 10   16   5   20   4 = − 25
   c) (18) + (14) + (15) + (16) + (33) = 0
   d) 38   12   18   45   25 = 12

6. Peça para que os alunos reúnam-se mais uma vez para jogar o *Matix*. Após o término do jogo, peça um texto com o título, "Dicas para se dar bem no *Matix*".
   Variação: o tabuleiro pode ser reduzido para 6 x 6 ou 7 x 7 retirando-se algumas das cartas numéricas.

REGRAS

1. Tira-se par ou ímpar para ver quem vai começar o jogo.
2. Cada participante (ou dupla participante) escolherá uma posição (vertical ou horizontal). Escolhida a posição, esta se manterá até o final do jogo.
3. Começa-se retirando o coringa do tabuleiro.
4. O primeiro participante retira do tabuleiro um número da linha ou coluna do coringa (dependendo da posição que escolheu: vertical ou horizontal).
5. Em seguida, o próximo tirará um número da linha ou coluna (dependendo da posição escolhida) que o primeiro retirou o seu número e assim por diante.
6. O jogo acaba quando todas as peças forem tiradas, ou quando não existir mais peças naquela coluna ou linha para serem tiradas.
7. O total de pontos de cada jogador ou dupla é a soma dos números retirados do tabuleiro.
8. Vence o jogo o participante ou a dupla que tiver mais pontos.

MATIX (6 X 6)

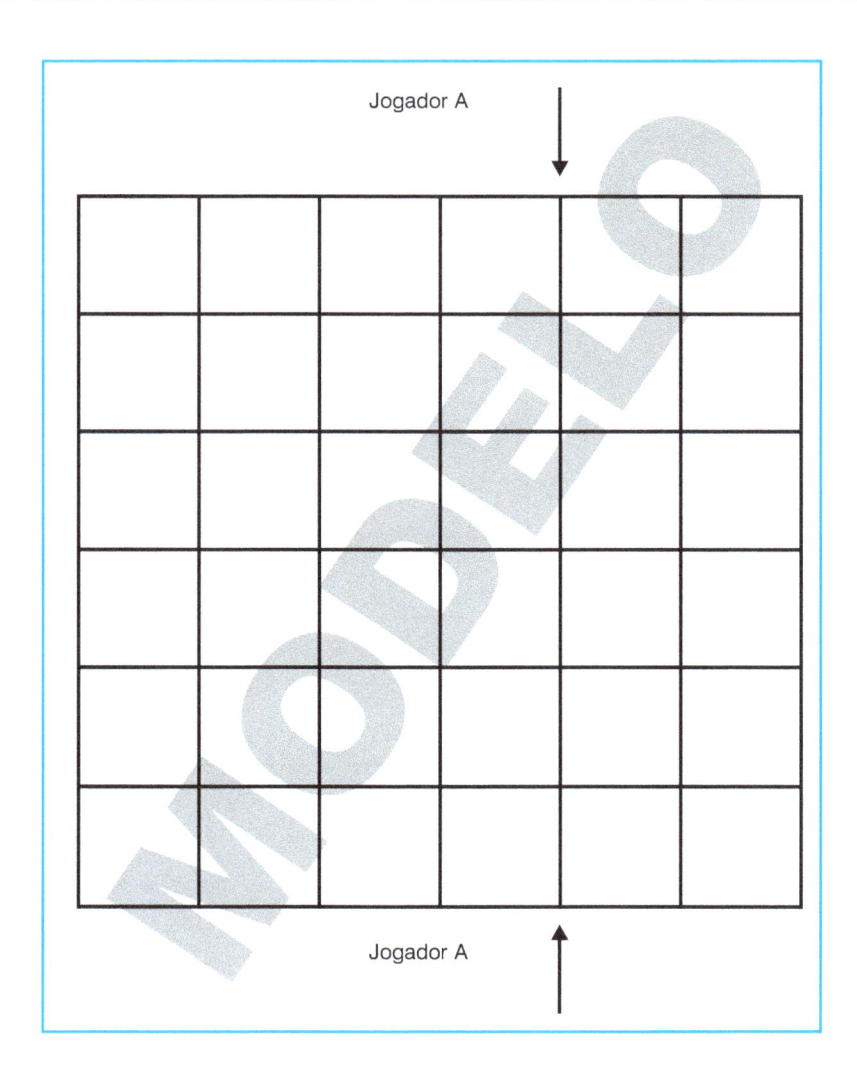

Jogador A

Jogador A

CARTAS DO JOGO MATIX (6 X 6)

CORINGA	-10	-10	-5	-5	-4
-3	-3	-2	-2	-1	-4
-1	+1	+1	+2	+2	+3
0	+3	+4	+4	+5	+5
0	0	+10	+10	+15	+8
+8	+7	+7	+5	+5	+6

10 Soma Zero

ANOS 6º 7º 8º 9º

A habilidade de efetuar adições com números positivos e números negativos, o conceito de oposto de um número inteiro e o cálculo mental podem ser explorados a partir deste jogo.

Organização da classe: em grupos de dois a quatro alunos.

Recursos necessários: para cada grupo, são necessárias 40 cartas numeradas de -20 a +20 (sem o zero).

Este jogo pode ser utilizado logo após o início do estudo de números negativos.

As regras são de fácil compreensão e é possível que os alunos joguem algumas vezes durante o período de uma aula. Sugerimos que, na primeira vez em que jogarem, os alunos não façam o registro das jogadas para enfatizar o caráter lúdico do jogo. Depois de jogarem algumas vezes, proponha que registrem no caderno as operações realizadas e criem variações do jogo, por exemplo, alterando o valor da soma.

> **Jogo Soma Zero**
>
> É um jogo interessante, também um pouco complicado... números negativos com números positivos, tem, que prestar muita atenção para ver se pode pegar mais de uma carta, ou para não fazer soma errada! Aconteceu uma coisa interessante enquanto eu jogava com meus amigos, um deles estava com a carta 1 na mão, enquanto estava na minha vez, na mesa estavam as cartas: -1, 12, 17. Eu estava com a carta 11, então peguei a carta -1 e a carta 12, meu amigo estranhou, pois como ele iria se desfazer da carta 1 dele!?
> Depois fui ver, todos, até eu, se preocupavam em acabar logo com as cartas de mão e, não em pegar bastante carta para o "montinho", então, na vez em que eu quis acabar logo com as cartas da minha mão, não me preocupei quantas cartas eu tinha no meu "montino", então eu acabei perdendo.
> Na outra jogada, fiquei reparando em todas cartas da mesa para ver se eu poderia levar mais de uma carta. Nessa partida eu ganhei!
>
> Adrielle

3/08/9ª

Relatório sobre o jogo "Soma 0".

Eu achei esse jogo muito interessante, porque você não se distrai e fica só fazendo cálculos.
Isso também mexe com a confiança de um ao outro para não roubar.
Se você tem uma carta mostrando ⌐8⌐, e na mesa tiver ⌐8⌐ ⌐5⌐ ⌐3⌐, compensa mais você pegar o 5 e o 3, porque você fica com mais cartas.
Aconteceu uma hora no jogo em que o Carlos tinha um ⌐-11⌐ na mão, e na mesa tinha um ⌐-6⌐ e ⌐-5⌐ e ele pegou, depois eu conferi e vi que nesse caso teria que ser um ⌐11⌐ e ele devolveu.
O jogo que eu lucrei mais cartas foi o segundo, porque uma das estratégias foi assim: eu tinha um ⌐-20⌐ na mão, e na mesa tinha ⌐8⌐ ⌐7⌐ ⌐10⌐ ⌐-5⌐ que dá 20, então eu peguei as 4 cartas.
O segredo é você fazer o melhor jogo para lucrar mais cartas.

natália
nº 8   6ª D

REGRAS

1. Os jogadores distribuem entre si 36 cartas e colocam as 4 restantes no centro da mesa, com as faces voltadas para cima.
2. Na sua vez, o jogador deve tentar obter total zero, adicionando o número de uma das cartas de sua mão com os de uma ou mais cartas sobre a mesa. Se conseguir, retira para si o conjunto utilizado na jogada, formando seu monte; caso contrário, deixa na mesa uma carta qualquer de sua mão.
3. Se um jogador em sua jogada levar todas as cartas da mesa, o jogador seguinte apenas coloca uma carta.

4. O jogo termina quando acabarem as cartas, ou quando não for mais possível obter soma zero.
5. Ganha o jogador cujo monte tiver maior número de cartas.

VARIAÇÃO

Uma variação possível é propor que os alunos, usando as cartas do jogo, escrevam o maior número possível de somas cujo total seja, por exemplo, -6. O registro das respostas encontradas permite que os alunos não apenas percebam várias formas equivalentes de se representar um número, como também a necessidade do uso de parênteses em expressões simples.

Por exemplo:

-6 = +2 - (-2 + 10) = -10 - (+3 - 7).

CARTAS

-1	-2	-3	-4	-5	-6	-7	-8	-9	-10
-11	-12	-13	-14	-15	-16	-17	-18	-19	-20
-1	-2	-3	-4	-5	-6	-7	-8	-9	-10
-11	-12	-13	-14	-15	-16	-17	-18	-19	-20

Eu Sei!

11 ANOS — 6º 7º 8º 9º

A habilidade de realizar multiplicações com números positivos e números negativos, o conceito de oposto de um número inteiro e o cálculo mental podem ser explorados a partir deste jogo.

Organização da classe: em trios.

Recursos necessários: para cada jogador, são necessárias 11 cartas numeradas de -5 a +5, incluindo zero.

REGRAS

1. Dos três jogadores dois jogam e um é o juiz.
2. Cada jogador embaralha suas cartas sem olhar.
3. Os dois jogadores que receberam as cartas sentam-se um em frente ao outro, cada um segurando seu monte de cartas viradas para baixo. O terceiro jogador fica de frente para os outros dois, de modo que possa ver seus rostos.
4. A um sinal do juiz, simultaneamente, os dois jogadores pegam a carta de cima de seus respectivos montes, segurando-as perto de seus rostos de uma maneira que possam ver somente a carta do adversário.
5. O juiz usa os dois números à mostra, anuncia o produto e pergunta: quem sabe as cartas? Cada jogador tenta deduzir o número de sua pró-

pria carta analisando a carta do outro. Por exemplo: se o juiz diz -25 e um jogador vê que a carta de seu oponente é 5, ele deve deduzir que sua carta é -5. Ele pode fazer isso dividindo mentalmente o produto pelo valor da carta do oponente, ou simplesmente pensando em qual é o número que multiplicado por 5 resulta -25.

6. O jogador que gritar primeiro "Eu sei!" e disser o número correto pega as duas cartas.
7. O jogo acaba quando acabarem as cartas e ganha o jogador que, ao final, tiver mais cartas.

12 Batalha de Ângulos

ANOS 6º 7º 8º 9º

Este jogo possibilita que o aluno estabeleça conexões entre os conceitos de ângulo e coordenadas no plano. Para localizar um ponto, os alunos devem estimar as medidas dos ângulos.

Organização da classe: em duplas.

Recursos necessários: para cada dupla, é necessário um tabuleiro. O transferidor é opcional.

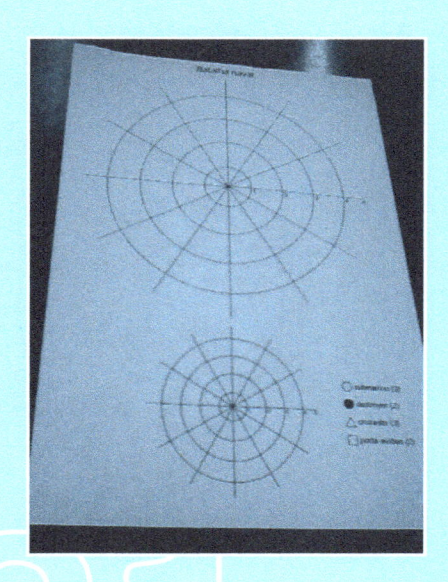

As regras do jogo são simples e os alunos logo as relacionam ao material.

Para alunos de séries mais adiantadas, este jogo pode ser aplicado com o objetivo de relembrar medidas de ângulos e o uso do transferidor. Nesse caso, eles logo descobrem que as divisões foram feitas de 30° em 30° e suas estimativas passam a ser precisas. Nas demais séries, os alunos utilizam com mais frequência o transferidor para conferir suas estimativas.

Depois de jogar uma ou duas vezes, você poderá propor que escrevam um texto relatando o que aprenderam com o jogo, se gostaram ou não e por quê.

Quando gostam do jogo, os alunos costumam pedir ao professor para jogar novamente. Saber sobre a opinião dos alunos sobre o jogo é importante para você conhecê-los melhor e também para planejar suas próximas intervenções.

Jogos de Matemática de 6º a 9º Ano

REGRAS

1. Cada jogador recebe um tabuleiro no qual deve marcar 12 embarcações que correspondem a 12 pontos (3 de cada tipo).

   As embarcações são:

   ○ Submarino
   ○ Destroyer
   △ Cruzador
   □ Porta-aviões

2. O tabuleiro com as marcações não pode ser visto pelo adversário.
3. Cada jogador, alternadamente, dá um "tiro" com o objetivo de afundar a embarcação do adversário.

   Tiro – o jogador escolhe um ponto do tabuleiro dizendo o número que identifica a circunferência a que pertence o ponto e a medida da amplitude do ângulo. Na figura, está assinalado o ponto (4, 150º).
   Todos os ângulos têm vértice em O e um dos lados $\overrightarrow{OA}$ e são medidos no sentido anti-horário a partir de $\overrightarrow{OA}$.
   0º e 360º são considerados pontos coincidentes. Portanto, (3,0º) e (3,360º) correspondem ao mesmo ponto no tabuleiro.

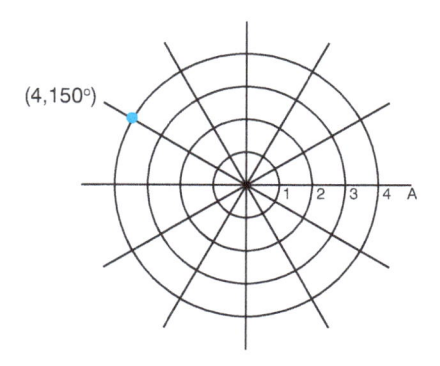

4. O jogador deve informar o seu adversário dizendo *afundou* se o tiro acertou a embarcação e *água* se o tiro não acertou.
5. Todos os tiros são registrados no tabuleiro menor.
6. Se julgarem necessário, os jogadores poderão usar o transferidor.
7. O vencedor é o primeiro que afundar toda a tropa do adversário.

VARIAÇÃO

Uma variação do jogo consiste em mudar o número de embarcações e o número de tiros necessários para afundar cada uma delas.

TABULEIRO

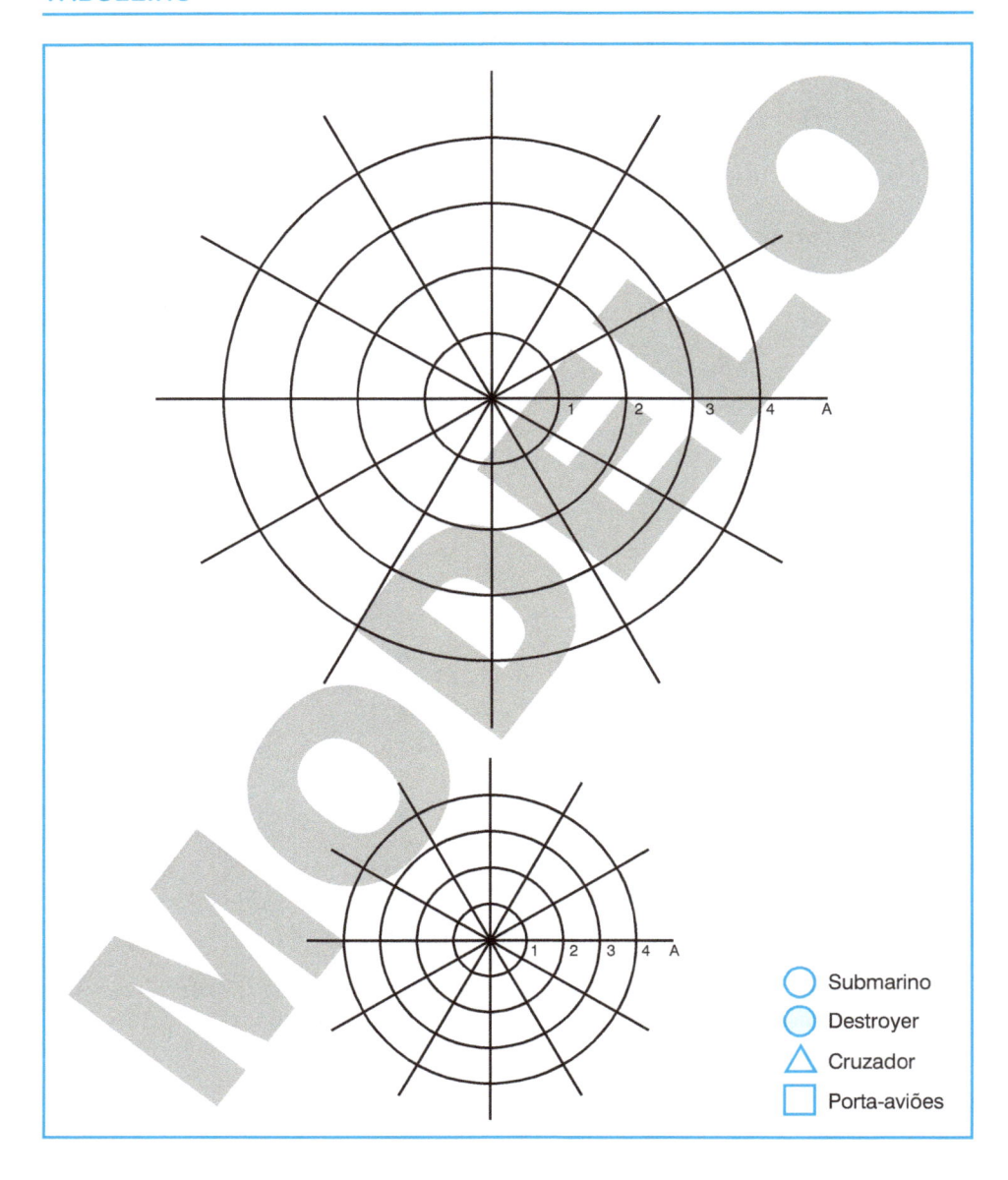

○ Submarino
○ Destroyer
△ Cruzador
☐ Porta-aviões

13

Capturando Polígonos

ANOS 6º 7º 8º 9º

O objetivo do jogo é explorar propriedades relativas a lados e ângulos de polígonos.

Organização da classe: em grupos de dois ou quatro jogadores.

Recursos necessários: para cada grupo, são necessárias as cartas (apresentadas na p.79) e o retroprojetor.

Esse jogo pode ser utilizado para retomar as propriedades de polígonos já estudadas pelos alunos, ou como forma de levá-los a aprofundar seus conhecimentos sobre essas figuras geométricas. Além disso, favorece o desenvolvimento de habilidades visuais e verbais, bem como a capacidade de análise geométrica.

Sugerimos que esse jogo seja realizado primeiro entre o professor e a classe. Nesse caso, você pode distribuir as cartas e as regras entre as duplas, dar um tempo para que leiam e discutam entre si e, então, jogar contra eles. Se desejar, remova inicialmente a carta "Capture!" para simplificar o jogo coletivo.

Em primeiro lugar, coloque as cartas dos polígonos em um retroprojetor ou em um cartaz. Os alunos devem olhar os polígonos e analisar as propriedades que estes apresentam. Depois disso, inicie o jogo com a classe toda, conforme as regras sugerem.

Terminada a jogada, conduza uma discussão sobre o jogo:

1. Quais as dificuldades encontradas e por quê?
2. Quais polígonos podem ser capturados se tiramos as cartas *Ao menos um ângulo reto* e *Nenhum par de lados paralelos*?
3. Há dois pares de cartas que, se forem sorteados, não permitem capturar nenhum dos polígonos?

4. Quais cartas de propriedades eu preciso retirar para capturar os polígonos F, L e P?
5. Qual par de cartas de propriedades permite capturar o maior número de polígonos?

Em uma outra aula, proponha que joguem sozinhos. Repita esse jogo umas três vezes e peça a cada dupla que crie duas problematizações a partir do jogo. Faça uma lista com os problemas criados e proponha à classe que resolva os desafios formulados pelos grupos.

É possível ainda explorar o desenho de figuras. Nesse caso, após jogarem, os alunos guardam as cartas de polígonos e ficam apenas com as de propriedade. Cada jogador escolhe duas cartas de propriedade e tenta desenhar uma figura que contenha ambas. Para realizar o desenho, os alunos podem utilizar instrumentos de desenho ou papel pontilhado.

ALGUNS COMENTÁRIOS

- ◆ Um aspecto interessante desse jogo refere-se às várias estratégias que os alunos utilizam. Alguns analisam figura por figura para tentar relacionar as propriedades com os polígonos correspondentes; outros separam os polígonos que têm a propriedade de ângulos e aqueles que têm a propriedade de lados e, então, separam aqueles polígonos que têm ambas as propriedades; outros analisam as propriedades e, sem tocar nas cartas de polígonos, separam aquelas que correspondem às propriedades tiradas.
- ◆ Quando precisam decidir se um ângulo é reto, os alunos de modo geral utilizam os ângulos do quadrado ou do retângulo como padrão de comparação.
- ◆ O jogo permite que os alunos explorem relações como: por que um quadrado é um tipo particular de retângulo? Quais propriedades são válidas para todos os paralelogramos?
- ◆ Conforme são estudadas outras propriedades sobre polígonos, os alunos podem modificar o jogo, especialmente as cartas, de maneira que as novas propriedades sejam utilizadas no jogo.

VARIAÇÕES

1. Incluir cartas com propriedades sobre eixos de simetria.
2. Incluir cartas com outros polígonos ou modificar os polígonos que originalmente aparecem nas cartas.
3. Incluir propriedade sobre soma de ângulos internos, diagonais e polígonos regulares.

REGRAS

1. Jogo para dois a quatro jogadores (no caso de quatro jogadores, joga-se dupla contra dupla).
2. As 20 cartas de polígonos são colocadas no centro da área de jogo e viradas para cima.
3. As cartas de propriedades relativas a ângulos são embaralhadas e colocadas em uma pilha com as faces viradas para baixo. O mesmo é feito com as cartas com propriedades relativas a lados.
4. Os jogadores decidem quem começa o jogo.
5. Na sua vez de jogar, o primeiro jogador retira uma carta com uma propriedade sobre os ângulos e uma carta com uma propriedade sobre os lados de polígonos. Ele analisa os polígonos sobre a mesa e pode capturar todos os polígonos que apresentarem ambas as propriedades. As figuras capturadas ficam com o jogador.
6. O jogo prossegue assim, até que restem apenas dois ou menos polígonos.
7. Se um jogador capturar a figura errada e o jogador seguinte souber corrigir o erro, ele fica com as cartas.
8. Se um jogador não conseguir relacionar as propriedades com cartas da mesa e um outro jogador souber, ele pode capturar as cartas.
9. Se nenhum polígono puder ser capturado com as cartas retiradas pelo jogador, ele pode retirar mais uma e tentar capturar polígonos com duas das três cartas de propriedades. Se ainda assim ele não conseguir capturar um polígono, ele passa a vez.
10. As cartas de propriedades retiradas a cada jogada ficam fora do jogo até que as duas pilhas terminem. Nesse caso, as cartas retiradas são embaralhadas novamente e colocadas em jogo, como no início.
11. Se uma das cartas retiradas pelo jogador for um **Coringa**, ele pode escolher uma propriedade referente ao lado que conheça e dizer em voz alta para capturar os polígonos que desejar. Por exemplo, se ele tirou a carta *Todos os ângulos são retos* e a carta Coringa, ele pode dizer *Os lados opostos têm o mesmo tamanho*. Nesse caso, captura todos os retângulos do jogo.
12. Se um jogador tirar a carta **Capture,** ele pode capturar cartas de seu oponente. Além disso, deve olhar as cartas já capturadas pelo seu oponente e, sem selecionar uma outra carta, deve dizer uma propriedade sobre lados e outra sobre ângulos e capturar todos os polígonos do seu oponente que apresentarem essas duas propriedades. Se o oponente não tem cartas para serem capturadas, a carta Capture é devolvida à pilha de propriedades sobre ângulos e o jogador retira outras duas cartas como em uma rodada normal.
13. O vencedor será o jogador com maior número de polígonos ao final do jogo.

CARTAS

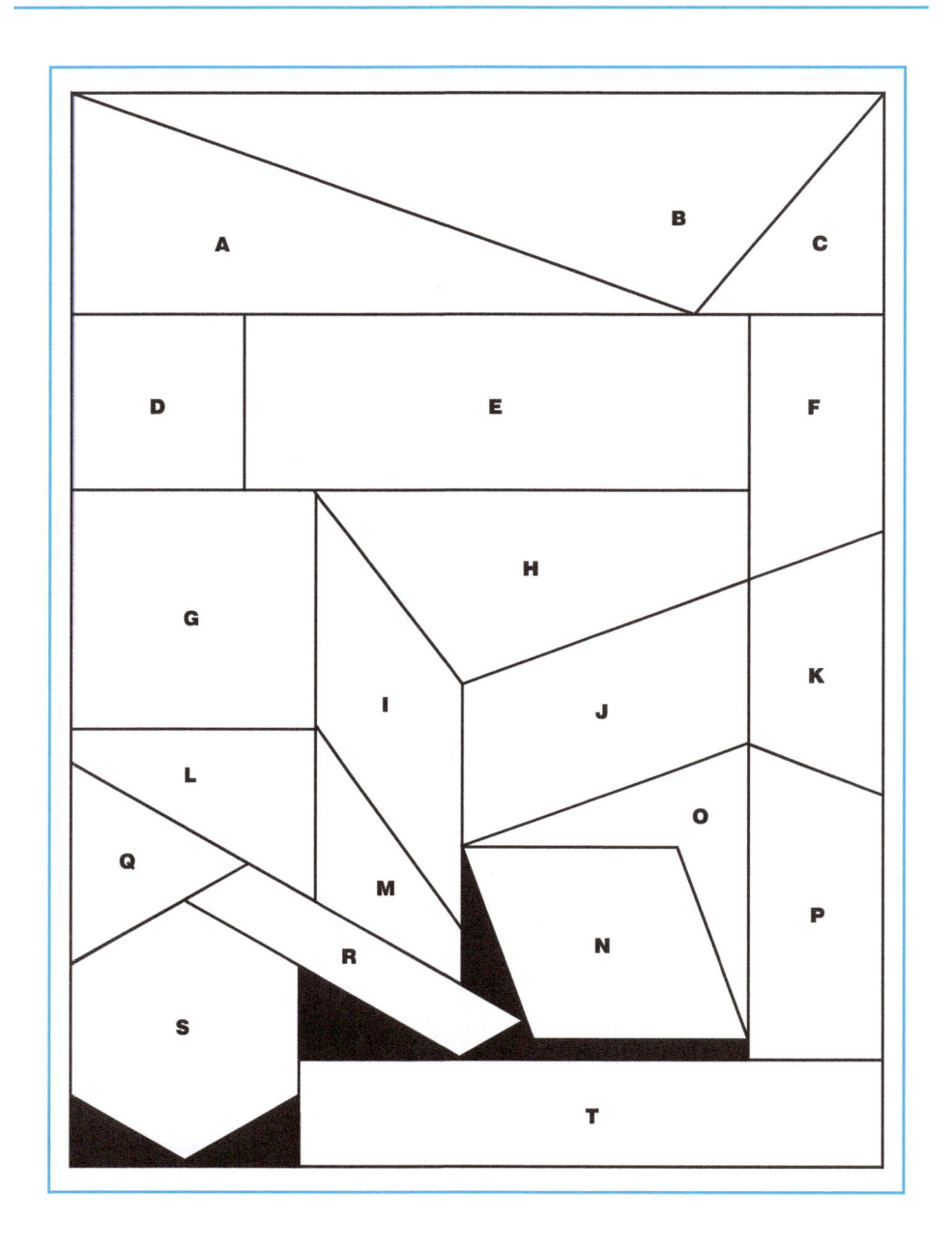

Jogos de Matemática de 6º a 9º Ano

Cartas de propriedades sobre ângulos

Todos os ângulos são retos	Ao menos um dos ângulos é obtuso	Nenhum ângulo é reto	Ao menos um ângulo é menor do que 90°
Ao menos um ângulo é reto	Ao menos dois ângulos são agudos	**Capture!**	Todos os ângulos têm a mesma medida

Cartas de propriedades sobre lados

Nenhum par de lados paralelos	Todos os lados têm o mesmo comprimento	Somente um par de lados paralelos	Ao menos um par de lados perpendiculares
Exatamente dois pares de lados paralelos	É um quadrilátero	**Coringa**	Os pares de lados opostos têm o mesmo comprimento

14

Contato do 1º Grau

ANOS 6º 7º 8º 9º

O jogo explora a resolução de equações do 1º grau e o cálculo mental.

Organização da classe: em grupos de dois ou quatro alunos.

Recursos necessários: para cada grupo, um tabuleiro, 20 fichas e dois marcadores de cores diferentes.

Este jogo não deve ser usado com o objetivo de se introduzir a resolução de equações, mas para ser feito após os alunos já conhecerem o assunto. Nesse caso, a função do jogo é ajudar os alunos a refletirem melhor sobre as formas de resolução, percebendo quando usar o cálculo mental ou um procedimento escrito.

Após jogar algumas vezes, torna-se interessante propor problematizações para o jogo:

1. Quais equações possuem solução 1?
2. O -4 é solução de quais equações?
3. Compare as semelhanças e as diferenças entre as equações $x - 5 = 0$ e $x + 5 = 0$.
4. Juliana colocou seu marcador sobre o número -3. Quais equações ela pode ter resolvido?
5. Pedro tinha a seguinte equação: $-8 = 2x$. Ele marcou o resultado 4. O que você pensa a respeito dessa marcação?

REGRAS

1. Decide-se quem começa e os jogadores escolhem um dos campos A ou B.
2. As cartas são embaralhadas e colocadas sobre a mesa com as faces que contêm as equações voltadas para baixo.
3. No início do jogo, os marcadores ficam na posição de saída, A ou B, conforme o campo do jogador.
4. Cada jogador, na sua vez, retira uma carta do monte, resolve a equação e coloca o seu marcador, no seu campo, sobre o número que corresponde à raiz (solução) da equação.
5. Cada jogador poderá avançar o seu marcador uma casa em qualquer uma das quatro direções indicadas pelas linhas que unem os números.

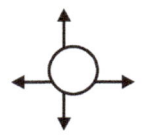

6. O jogador passa a sua vez de jogar quando, depois de ter retirado consecutivamente duas cartas do monte, não conseguir movimentar o seu marcador.
7. Vence o jogo o jogador que primeiro posicionar o seu marcador na chegada depois de ter, pelo menos uma vez, posicionado o seu marcador em qualquer posição do campo adversário.

FICHAS

$2x - 2 = 0$	$4 = 2x$	$3x - 15 = 0$	$12 = -4x$
$2 = 2x$	$2x + 4 = 0$	$3x + 15 = 0$	$3x - 12 = 0$
$2x + 2 = 0$	$-4 = 2x$	$2x - 6 = 0$	$4x + 16 = 0$
$-2 = 2x$	$x - 5 = 0$	$2x + 6 = 0$	$20 = 5x$
$2x - 4 = 0$	$x + 5 = 0$	$12 = 4x$	$-8 = 2x$

Jogos de Matemática de 6º a 9º Ano

TABULEIRO

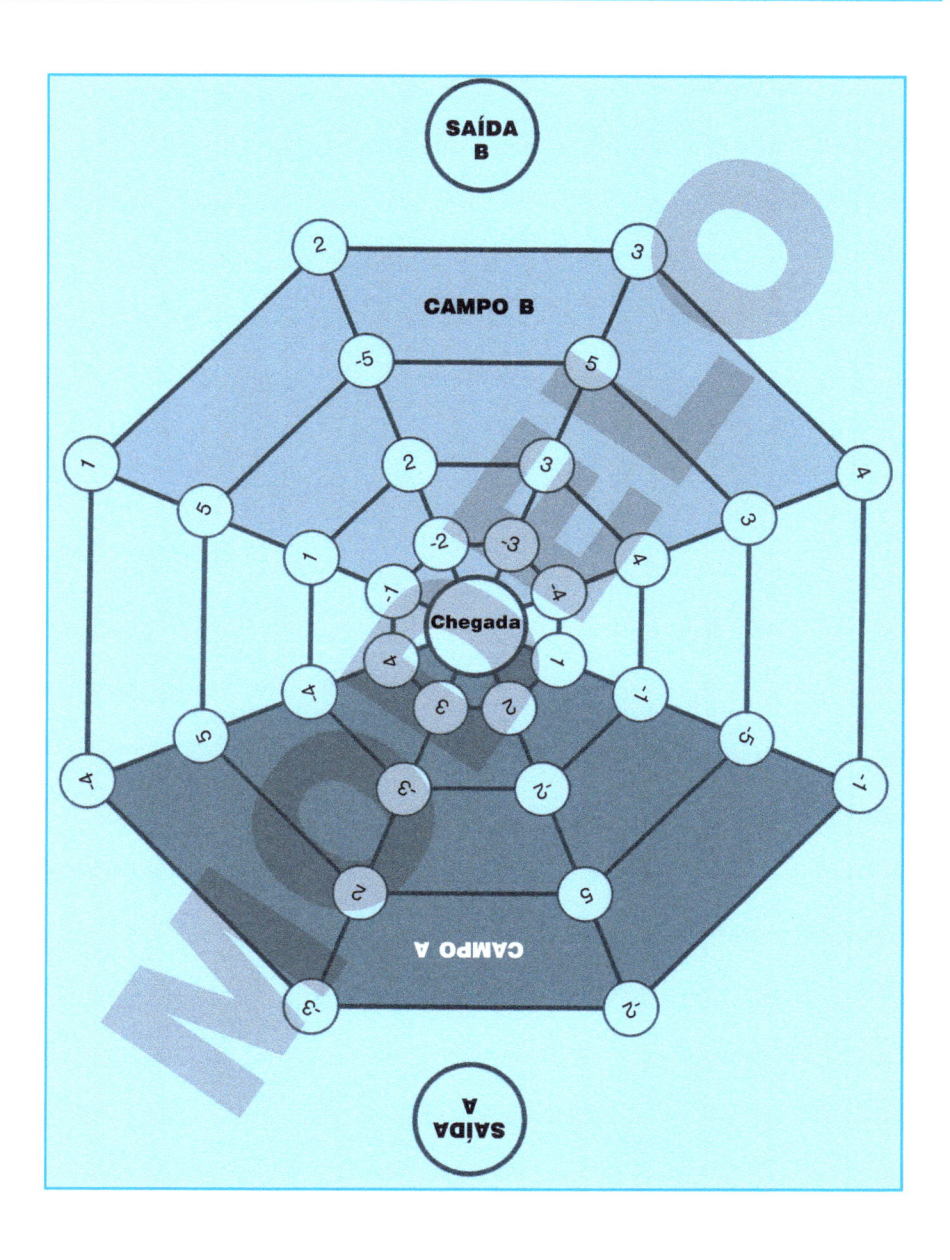

Corrida de Obstáculos

15 ANOS — 6º 7º 8º 9º

O cálculo com expressões algébricas é explorado neste jogo, possibilitando que os alunos percebam e expressem propriedades matemáticas relativas a cálculos algébricos, especialmente no que se refere a cálculo de valor numérico.

Organização da classe: de dois a quatro alunos.

Recursos necessários: para cada grupo, são necessários um tabuleiro, marcadores diferentes, um dado, 18 cartas com números positivos, sendo três cartas de cada um dos seguintes valores: +1, +2, +3, +4, +5, +6 e 18 cartas de números negativos, sendo 3 cartas de cada um dos valores: -1, -2, -3, -4, -5, -6 e 5 cartas zero.

Depois que os alunos jogaram pelo menos duas vezes, você poderá propor algumas questões como:

- Se o seu marcador estiver na casa 3 - c, de que monte você deve retirar uma carta, para poder avançar?
- De que monte devo retirar uma carta se o meu marcador está na casa 3 (z - 4)?
- O que acontece quando o marcador está na casa $\frac{+2m}{m}$ ou na casa $\frac{-z}{z}$?

O jogo possibilita que várias outras relações sejam exploradas, como, por exemplo, o da regularidade do resultado na casa $\frac{b^2 - 1}{b - 1}$

Investigações semelhantes permitirão que os alunos concluam que $1/1/n$ é igual a n.

Observe nos textos a seguir as aprendizagens demonstradas por alguns alunos do 8º ano após jogarem *Corrida de obstáculos* algumas vezes:

8 - 9 - 9 - 04

- Regina, Marina V. e Isabella T3

→ Corrida de obstáculos

• Nós achamos que este jogo é muito interativo porque nós nos divertimos, pensamos e usamos a matemática ao mesmo tempo.

→ Dicas para se dar bem

quando a incógnita for negativa, pegamos um número do bolinho de cartas negativas para avançarmos.
ex: $-d + 4$
$-(-4) + 4 = 8$ casas para frente

quando a incógnita for positiva, pegamos um número do bolinho positivo de cartas para avançarmos.
ex: $c + 1$
$2 + 1 = 3$ casas para frente

quando a incógnita for negativa e o número adicionado à ela positivo, pegamos o zero para avançarmos.
ex: $-b + 4$
$0 + 4 = 4$ casas para frente

Marina Englert e Beatriz Bulla 28/09/04

Escreva um texto sobre o jogo:

No jogo há uma armadilha $(x-x-1)$ se você cair nela não há escapatória pois o -1 que será o resultado vai te levar numa conta $(\frac{1}{1/m})$ onde sempre vai dar 0 (zero) a não ser que com sorte você tire um -1.

Uma dica para ganhar o jogo é antes de tirar a carta analizar a conta e ver se o melhor é um número positivo ou negativo, ou até mesmo nulo.

Sobre o jogo não o achamos muito difícil mas requer atenção para "prever" o resultado da conta, ou ao menos ter uma idéia. O jogo não é chato, aliás é um jeito bem diferente de se treinar a matemática.

O jogo permite ainda a introdução do conceito de função, sendo que cada casa representa a expressão algébrica de uma função e as cartas o conjunto domínio dessa função.

Por exemplo: a casa **2 a - 3** representa a função y = 2 a - 3 com domínio {x ∈ Z| -6 ≤ x ≤ 6}. A partir disso, você poderá propor que os alunos determinem o conjunto imagem e o gráfico da função.

Veja o depoimento do professor Flávio, de Curitiba.

> Os alunos do 8º ano, depois de jogarem a *Corrida de obstáculos* três vezes fizeram descobertas que me surpreenderam.
> Um grupo de alunos descobriu que a casa **e² - e** era a casa mais "poderosa" do jogo, pois, se o marcador estiver nessa casa e o jogador tirar a carta -6, ele avançará 42 casas para frente e, com a carta -5, o avanço é de 30 casas. Desse modo, descobriram que, quanto menor o valor da carta, maior é o número de casas que se avança.
> O surpreendente é que, a partir daí, começaram a investigar se havia outras casas "poderosas" no tabuleiro.
> O jogo possibilitou um processo de investigação que os próprios alunos se propuseram a partir da descoberta inicial.

REGRAS

1. As cartas são embaralhadas e colocadas nos respectivos lugares do tabuleiro viradas para baixo.
2. Os jogadores posicionam seus marcadores sobre o tabuleiro no ponto de partida.
3. Cada jogador, na sua vez, lança o dado e avança o número de casas igual ao número obtido no dado e retira uma carta de um dos montes à sua escolha.
4. Efetuam-se os cálculos e o resultado obtido indica o valor e o sentido do movimento. Se for positivo, recua o número de casas correspondentes ao número obtido. Se for zero, não se desloca.
5. Se o marcador cair em uma casa que contenha uma instrução, o jogador deverá executá-la nessa mesma jogada.
6. Sempre que o jogador escolher um número que anule o denominador da expressão, deverá voltar à casa de partida.
7. O vencedor é o jogador que completar em primeiro lugar duas voltas no tabuleiro.
8. Caso um dos três montes de cartas esgote-se antes do final do jogo, então as respectivas cartas devem ser embaralhadas e recolocadas no tabuleiro.

TABULEIRO

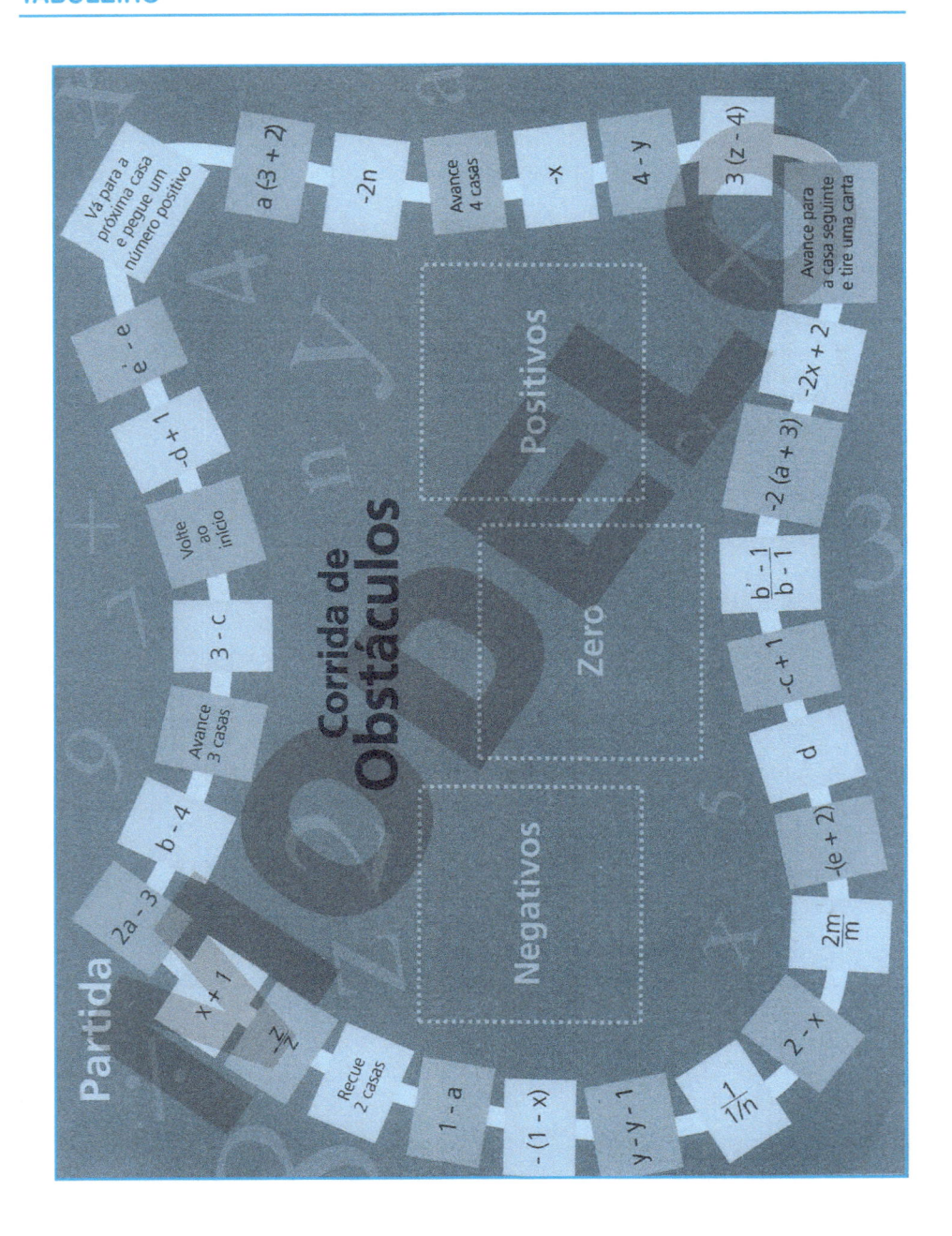

Corrida de Obstáculos

Partida → $2a - 3$ → $b - 4$ → Avance 3 casas → $3 - c$ → Volte ao início → $-d + 1$ → $e - e$ → Vá para a próxima casa e pegue um número positivo → $a(3 + 2)$ → $-2n$ → Avance 4 casas → $-x$ → $4 - y$ → $3(z - 4)$ → Avance para a casa seguinte e tire uma carta → $-2x + 2$ → $-2(a + 3)$ → $\dfrac{b-1}{b-1}$ → $-c + 1$ → d → $-(e + 2)$ → $\dfrac{2m}{m}$ → $2 - x$ → $\dfrac{1}{\frac{1}{n}}$ → $y - y - 1$ → $-(1 - x)$ → $1 - a$ → Recue 2 casas → $\dfrac{z}{z}$ → $x + 1$ → Partida

Positivos

Zero

Negativos

Dominó de Equações

9° ANOS (6°, 7°, 8°, 9°)

O jogo explora a resolução de equações incompletas do 2º grau e o cálculo mental.

Organização da classe: em duplas.

Recursos necessários: para cada dupla, é necessário um dominó com 40 peças.

Sugerimos que depois de jogar algumas vezes, os alunos sejam estimulados a criar peças com equações completas. A criação de jogos pelos alunos exige reflexão sobre a relação entre uma equação e sua solução e, por isso, constitui uma oportunidade significativa de resolução de problemas.

REGRAS

1. Cada jogador recebe uma peça em branco e as demais são colocadas sobre a mesa, viradas para baixo.
2. Cada jogador pega nove peças e as demais ficam sobre a mesa.
3. Decide-se quem começa.
4. O primeiro jogador coloca sobre a mesa uma de suas peças, que não pode ser a peça "em branco".
5. O segundo jogador coloca uma peça que possa ser encaixada em uma das extremidades da peça que está sobre a mesa.
6. Situações como as que são mostradas abaixo não são consideradas como encaixes.

	Sem solução		Sem solução	
	$b^2 - 4ac < 0$		$b^2 - 4ac < 0$	

7. A peça branca é o coringa e deve ser usada quando depois de examinar suas peças, o jogador não encontrar nenhuma que possa ser encaixada. As duas partes da peça devem ser preenchidas e a peça colocada sobre a mesa de modo que uma de suas partes possa ser encaixada no jogo em uma das extremidades.
8. Se depois de usar o coringa o jogador não encontrar entre suas peças uma que possa ser encaixada no jogo, ele poderá retirar, no máximo, três peças do monte.
9. O jogador só poderá passar a sua vez se já usou o coringa (peça branca) e retirou três peças do monte.
10. O vencedor é o primeiro jogador que ficar sem peças.

DOMINÓ DE EQUAÇÕES

$x^2 - x = 0$	+ 2 e - 2	Sem solução	$x^2 + 3x = 0$
0 e 1	$x^2 = 1$	$x^2 = 4$	As raízes são números simétricos
$b^2 - 4ac < 0$	$2x^2 = 2x$	$x^2 + 9 = 0$	0 e + 6
Sem solução	$25 = x^2$	$b^2 - 4ac < 0$	$x^2 = x$
As raízes são números simétricos	$x^2 - 4 = 0$	0 e 1	$x^2 = -4$
$x^2 - x = 0$	2 e -2 x^2	- 25 = 0	Uma das raízes é 1
$x^2 - 6x = 0$	0 e 10 x^2	- 1 = 0	Uma das raízes é 3
5 e -5	$x^2 + 1 = 0$	$-5 = x^2$	0 e -3
1 e -1	$x^2 - 10x = 0$	$1 = x^2$	Sem solução

17 Mestre e Adivinho

ANOS 6º 7º 8º 9º

O objetivo deste jogo é introduzir a noção de função, estabelecendo relações entre a linguagem em prosa e a linguagem algébrica simbólica.

Organização da classe: em grupos de dois ou quatro alunos.

Recursos necessários: conjunto de 12 tiras para cada grupo.

Caso os alunos encontrem dificuldades para saber o significado de algum termo que aparece nas tiras, sugira que procurem no livro ou com os demais colegas o significado do termo desconhecido. É interessante observar a cooperação entre os alunos e a persistência na busca de informações quando disso depende o ato de continuar jogando.

Como nos demais jogos, podemos propor que os alunos escrevam sobre o jogo, o que certamente fornece elementos importantes para a verificação sobre o conhecimento deles, apontando para avanços ou para retomadas necessárias.

Depois de jogarem algumas vezes, e isso é importante que aconteça, você pode sugerir que os alunos criem outras frases que serão usadas para a realização de um novo jogo com as mesmas regras do anterior.

Para prosseguir no estudo da álgebra é possível escolher algumas expressões que aparecem nas tiras para analisá-las com a classe.

Por exemplo, você pode escolher a tira "Indique o dobro de um número menos um" e:

a) Organizar uma tabela:

Número dito	Número respondido
0	-1
1	1
2	3
3	5
4	7

Para então questionar com eles o que apareceria como número respondido se disséssemos um número qualquer, o número n por exemplo. Repita isso para outras frases.

b) Explore os diferentes campos numéricos que eles usaram para a escolha do número dito, pois, de modo geral, eles somente utilizam os números naturais. Leve-os a jogar novamente experimentando os inteiros, os racionais e até os irracionais se for o caso.

c) Proponha problemas para buscarem e expressarem generalidades:

1. Número dito: 4   6   10   15   3
   Número respondido: 2   4   8   13   1
   Frase em palavras: _____
   Expressão simbólica? _____

2. Número dito   2   6   1   12   7
   Número respondido 5   17 2   35   20
   Frase em palavras: _____
   Expressão simbólica? _____

d) Proponha que a partir da exploração da frase, da tabela a ela correspondente e dos campos numéricos que podem ser usados para escolher o número dito, eles construam gráficos. Por exemplo, para a frase "Indique o triplo do número" é possível construir três gráficos:

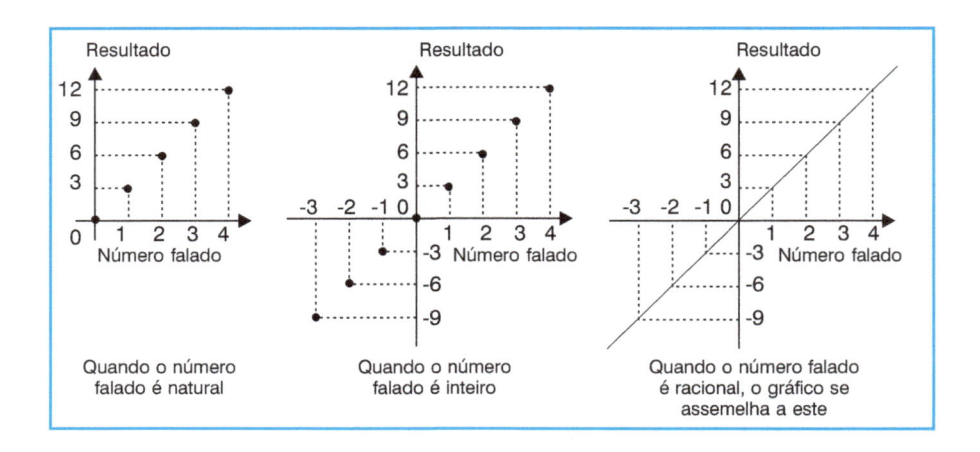

Quando o número falado é natural

Quando o número falado é inteiro

Quando o número falado é racional, o gráfico se assemelha a este

Jogos de Matemática de 6º a 9º Ano

REGRAS

1. Decide-se quem começa.
2. Escolhem-se 6 das 12 tiras que serão utilizadas no jogo.
3. As frases são embaralhadas e cada jogador recebe uma das frases, que será adivinhada pelos demais jogadores do grupo.
4. Em cada jogada, um dos participantes será o *Mestre*.
5. Cada jogador do grupo fala um número e o jogador com a frase, chamado de *Mestre*, deve executar com esse número aquilo que a frase indica. A adivinhação se fará através da análise das respostas dadas por quem tem a frase nas mãos, ou seja, pelo *Mestre*.
6. Se nenhum dos jogadores adivinhar a frase, depois de cada um ter dito um número, os jogadores podem dizer mais um número para o *Mestre*.
7. As frases são usadas apenas em uma jogada, ou seja, depois que o jogador adivinhou a frase ela não será devolvida ao monte.
8. Os números ditos e a frase devem ser anotados na folha de registros de todos os participantes do jogo.
9. Em cada jogada, ganha um ponto o jogador que primeiro adivinhar a frase e escrever a expressão correspondente.
10. Ganha o jogo o jogador que tiver mais pontos.

FRASES

Indique o sucessor do número	Indique dez vezes o número
Indique o triplo do número mais um	Indique o quadrado do número mais um
Indique o número mais cinco	Indique o número multiplicado pelo seu sucessor
Indicar o dobro do número menos um	Indique quatro vezes o número menos um
Indique quatro vezes o número	Indique o oposto do número
Indique o quadrado do número	Indique o número mais três

Outras frases

Indique o oposto do número mais um	Some o número com um e indique o quadrado deste resultado
Subtraia o número de cem	Indique o quadrado do número menos dois
Multiplique o número por cinco e some um ao resultado	Multiplique o número por quatro e some dois ao resultado
Indique o triplo do número mais um	Indique o triplo do número
Indique dez vezes o número e subtraia dois do resultado	Indique o dobro do sucessor do número
Indique o número vezes seis	Indique o cubo do número

18 Produto Par, Produto Ímpar

ANOS 6º 7º 8º 9º

Apresentar situações que envolvam a noção de probabilidade, a tomada de decisões, o levantamento e a checagem de hipóteses, o desenvolvimento de habilidades com cálculos e a identificação de padrões são alguns dos objetivos deste jogo.

Organização da classe: em grupos de dois ou quatro alunos; no caso de serem quatro alunos, o jogo será de dupla contra dupla.

Recursos necessários: para cada jogador ou para cada dupla de jogadores, são necessários dois dados, uma tabela e 24 fichas, sendo 12 de uma cor e 12 de outra cor. As fichas podem ser substituídas por algum outro material que se tenha disponível.

Proponha aos alunos que leiam as regras e joguem. Enquanto isso, ande pela classe e observe os grupos. Não se surpreenda se eles distribuírem as fichas igualmente entre os dois lados do tabuleiro, mas também não teça nenhum comentário sobre isso. Acompanhe ainda como alguns alunos percebem logo no início do jogo que não fizeram boa distribuição das fichas no tabuleiro e veja quais comentários fazem a esse respeito. Se puder, anote essas observações para as discussões com a classe toda.

Após esse início, peça que comentem suas impressões sobre o jogo. Explore especialmente os comentários acerca de este ser ou não justo e sobre outra forma de dividir as fichas no tabuleiro. Sugira que joguem novamente, testando as hipóteses que levantaram sobre a distribuição de fichas no tabuleiro.

É interessante que você observe os grupos novamente e veja as mudanças que fazem, bem como se organizam agora para jogar. De modo geral, a maioria dos alunos percebe que deve colocar mais fichas no lado par do que no lado ímpar do tabuleiro, mas poucos percebem que essa distribuição deve ser feita segundo uma razão entre o número de produtos ímpares e o número de produtos pares.

Por isso, há alunos que colocam muitas fichas no lado par do tabuleiro e poucas no lado ímpar, sem considerar, no entanto, a regra que diz que uma jogada na qual um produto pertença a um lado vazio no tabuleiro é uma jogada perdida. Rediscuta as estratégias utilizadas e peça para registrarem suas impressões por escrito.

Em outra aula, proponha o jogo novamente, sugerindo que eles anotem em cada jogada os produtos que saírem, separando-os em pares e ímpares. Você pode usar uma tabela como a que sugerimos a seguir:

Resultados obtidos nos dados					
Produtos pares			Produtos ímpares		
Fator	Fator	Produto	Fator	Fator	Produto

Após jogarem, os alunos utilizam seus registros para discutir as regularidades apresentadas nos registros e se a tabela pode ajudar a saber como organizar as fichas no tabuleiro antes de o jogo começar. Em geral, eles percebem que:

- ◆ O produto entre dois números pares é par, bem como entre um número par e um número ímpar.
- ◆ O produto entre dois números ímpares é um número ímpar.
- ◆ Há 27 chances em 36 de o produto ser par e 9 chances em 36 de o produto ser ímpar, o que permite concluir que, no lançamento dos dados, há 3/4 de possibilidades de produto par e 2/4 de possibilidades de produto ímpar.

Depois dessa discussão, é possível propor problemas sobre qual seria a melhor forma de distribuir 16, 20 ou 32 fichas no tabuleiro para que os dois jogadores tivessem a mesma chance de ganhar o jogo, dependendo apenas dos números obtidos nos dados. A noção de evento pode ser introduzida, assim como a escrita da probabilidade em percentagem.

Vale a pena ainda examinar com os alunos outras probabilidades relacionadas ao jogo, tais como a de um determinado jogador que tem apenas duas fichas no lado par conseguir finalizar seu jogo nas duas próximas jogadas dos dados. Nesse caso, a probabilidade de que obtenha os produtos desejados é 3/4 de 3/4 ou 3/4 x 3/4 que é 9/16 ou mais de 56%.

VARIAÇÕES

1. Variar os formatos dos dados usando um tetraedro, um dodecaedro ou um icosaedro e pedir aos alunos que façam tanto as mudanças nas regras do jogo quanto a análise das possibilidades em cada tipo de dado. Eles podem perceber que, apesar de mudarmos o formato dos dados, as chances são sempre calculadas com base em ¾ e ¼.
2. Pedir aos alunos que reescrevam o jogo e calculem as possibilidades para adições em vez de multiplicações.

REGRAS

1. Cada jogador ou cada dupla de jogadores desenha um tabuleiro, como mostrado a seguir:

Par	Ímpar

2. Os jogadores colocam suas 12 fichas no tabuleiro aleatoriamente, mas é preciso ter fichas dos dois lados do tabuleiro.
3. Os jogadores decidem quem inicia o jogo.
4. Na sua vez, o jogador lança os dados e calcula o produto. Se o produto for par, ele tira uma ficha do lado *Par* de seu tabuleiro. Se o produto for ímpar, ele retira uma ficha do lado *Ímpar* de seu tabuleiro.
5. Se o jogador conseguir um produto que corresponda a um lado de seu tabuleiro que esteja sem fichas, ele perde a vez de jogar.
6. O primeiro jogador a retirar todas as fichas de seu tabuleiro vence o jogo.

OUTROS MODELOS DE DADOS QUE PODEM SER UTILIZADOS NO JOGO

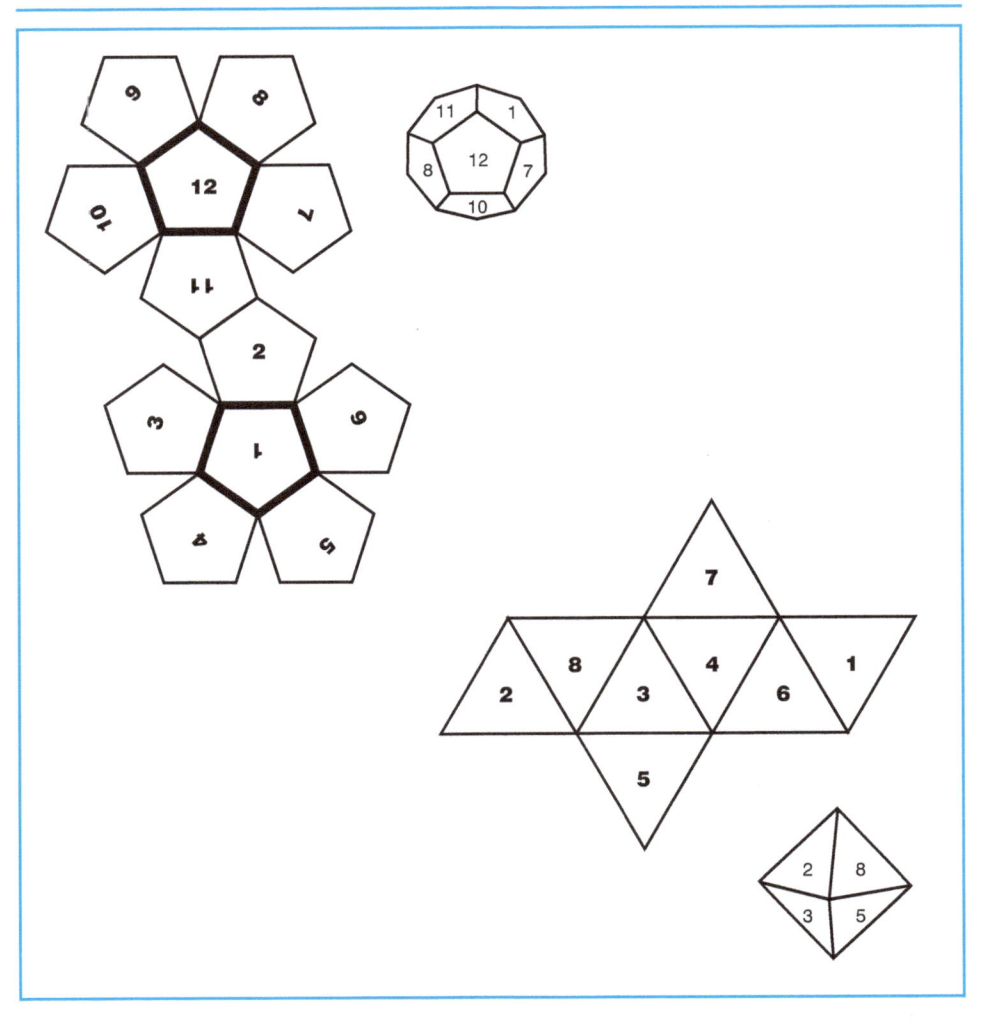

Referências

ABRANTES, P.; LEAL, L.C.; PONTE, J.P. da (org.). *Investigar para aprender matemática*. Lisboa: Associação de Professores de Matemática, 1996.

BORIN, J. *Jogos e resolução de problemas: uma estratégia para as aulas de matemática*. São Paulo: CAEM/IME-USP, 1998.

BRENELLI, R.P. *O jogo como espaço para pensar - a construção de noções lógicas e aritméticas* . Campinas: Papirus, 1995.

BROURGÈRE, G. *Jogo e educação*. Porto Alegre: Artmed, 1995.

CARILLO, E.; HERNÁN, F. *Recursos em el aula de Matemáticas*. Madri: Editorial Sintesis, 1991.

CHACÓN, I.M.G. *Matemática emocional: os afetos na aprendizagem matemática*. Porto Alegre: Artmed, 2003.

CUOCO, A.A.; CURCIO, F.R. *The roles of representations in school Mathematics*. Reston, NCTM, 2001, Yearbook.

KAMII, C.; DEVRIES, R. *Jogos em grupo na educação infantil*. São Paulo: Trajetória Cultural, 1991.

KAMII, C.; JOSEPH, L.L. *Aritmética: novas perspectivas*. Campinas: Papirus, 1992.

KISHIMOTO, T.M. (org.). *Jogo, brinquedo, brincadeira e educação*. São Paulo: Cortez, 2000.

MACEDO, L.; PETTY, A.L.S.; PASSOS, N.C. *Quatro cores, senha e dominó*. São Paulo: Casa do Psicólogo, 1997.

___ . *Aprender com jogos e situações-problema*. Porto Alegre: Artmed, 2000.

MILLER, D. *How to develop problem solving using a calculator*. New York: Cruisenare, 1979.

MURCIA, J.A.M. et al. *Aprendizagem através do jogo*. Porto Alegre: Artmed, 2005.

PIMM, D. *El lenguaje matemático en el aula*. Madrid: Morata, 1990.

SÁ, A.J.C. de. *A aprendizagem da matemática e o jogo*. Lisboa: Associação de Professores de Matemática, 1995.

SMOLE, K.S.; DINIZ, M.I. *Ensinar e aprender*. São Paulo: CENPEC/SEESP, 1999. v.2, Matemática.

SMOLE, K.S.; Diniz, M.I. (org.) *Ler, escrever e resolver problemas: habilidades básicas para aprender matemática*. Porto Alegre: Artmed, 2000.

SMITH, S.E.Jr.; BACKAMN, C.A (org.). Games and puzzles for elementary and middle school mathematics - Readings from the arithmetic teacher. Reston: NCTM (National Concil of Teacher of Mathematics), 1997.